LE PLEIN
S'IL VOUS PLAÎT !

Des mêmes auteurs

OUVRAGES DE JEAN-MARC JANCOVICI

L'Effet de serre
(en collaboration avec Hervé Le Treut)
Flammarion, « Champs », 2001
et « Dominos », 2004

L'Avenir climatique
Quel temps ferons-nous ?
Seuil, « Science ouverte », 2002
et « Point sciences », 2005

OUVRAGE D'ALAIN GRANDJEAN

La Monnaie dévoilée
(en collaboration avec Gabriel Galand)
L'Harmattan, 1997

JEAN-MARC JANCOVICI
ALAIN GRANDJEAN

LE PLEIN S'IL VOUS PLAÎT !

La solution au problème de l'énergie

ÉDITIONS DU SEUIL
27, rue Jacob, Paris VIe

ISBN : 2-02-085792-8

www.seuil.com

Introduction

Le plein s'il vous plaît ! Cette phrase est un peu passée de mode depuis que toutes les pompes à essence sont en self-service, mais elle rappelle à quel point la voiture est devenue un objet aussi familier qu'une casserole ou une paire de chaussures. Sans que nous en ayons vraiment pris conscience, en deux siècles à peine, pétrole, gaz et charbon ont progressivement mais radicalement changé la face du monde. Outre notre bien-aimée automobile, les hydrocarbures nous ont aussi donné détergents et lessives, canapés en skaï, téléphones et ordinateurs, couches jetables et chauffage central, avions et bateaux, maisons construites en quelques mois, plats surgelés, chaussures de sport, collants sexy et magazines illustrés. Quiconque est né dans cette période sans précédent d'abondance énergétique – c'est notre cas – ne peut qu'avoir l'impression qu'il en sera ainsi « pour toujours ».

Alors, quand nous entendons parler de temps à autre de pénurie de ressources ou de changement climatique, cela reste encore très irréel et très lointain. Nous aurons bien le temps d'y penser plus tard ; occupons-nous d'abord des prochaines vacances ! Si notre porte-monnaie a un peu souffert des hausses récentes du pétrole de 2004 et 2005, il ne peut s'agir d'un avertissement sans frais, mais seulement d'une gêne passagère. Les chocs pétroliers de 1974 et 1979 ne sont que de vieux souvenirs ; ils ont été suivis de deux décennies d'énergie toujours plus abondante et de moins en moins chère (mais si !) qui ont considérablement atténué la mémoire de l'événement. Cette période faste nous laisse dans l'idée que ces chocs n'étaient en fait que des feux de paille, démontrant la vanité des Cassandre qui prophétisaient la fin du pétrole.

Le climat, pour sa part, n'a pas encore réagi haut et clair à nos émissions passées. Au cours du dernier siècle, la température planétaire moyenne a certes gagné un demi-degré, et le gaz carbonique (CO_2) a bien augmenté de 30 % dans l'atmosphère, mais tout cela ne nous a vraiment empêchés de dormir – au sens propre – que quelques nuits en août 2003. Pourquoi donc faire tout un fromage de ce changement climatique ?

Nous sommes hélas victimes d'une double illusion d'optique. D'abord, nous croyons – funeste erreur ! – que le pétrole ne posera pas de problème sérieux dans les 40 ans qui viennent. D'ici à ce qu'il n'y en ait plus du tout, pensons-nous à tort, les ingénieurs et les politiques auront fait ce qu'il faut pour nous permettre de passer la transition sans douleur ni restriction. Ensuite, nous ne comprenons pas que la facture concernant le déséquilibre climatique de la planète se réglera pour l'essentiel dans quelques dizaines d'années ou quelques siècles, avec des intérêts de retard qui ont toutes les chances d'être extrêmement salés.

Regarder la réalité en face et se faire à l'idée que les contraintes sont non négociables a toujours été difficile et douloureux. Comme de grands enfants que nous sommes tous restés, nous préférons jouer d'abord, quitte à nous demander ensuite si le jeu en valait la chandelle. Hélas, le « jeu » auquel nous jouons depuis quelques millénaires va se terminer dans peu de temps, que nous le voulions ou non. Comment accepter un tel verdict ? Et comment, si on l'accepte, ne pas se réfugier dans l'insouciance, la déprime, ou la violence ?

En écrivant ce modeste ouvrage, nous n'avons pas eu l'ambition de doubler le chiffre d'affaires des cartels colombiens, des fabricants de vodka ou de revolvers, mais plutôt d'appeler au sursaut salutaire dont nos enfants nous sauront gré. Entre révolution et renonciation, il existe en effet une voie étroite mais incontournable pour prendre le taureau par les cornes : payer l'énergie à son vrai prix.

1

Un doigt de pénurie, ou un zeste d'effet de serre ?

Une vraie bande de drogués. Telle est probablement la conclusion à laquelle arriverait un Martien examinant au télescope la civilisation occidentale. « DROGUE : substance ayant un effet antidouleur ou euphorisant et dont l'usage entraîne une dépendance et des troubles graves », dit le dictionnaire. L'énergie abondante ne correspond-elle pas à merveille à cette définition ?

Tout d'abord, la réduction de la douleur et l'euphorie sont évidentes : de 1800 (début de la révolution industrielle) à l'an 2000, l'espérance de vie des Occidentaux a plus que doublé, passant de 25 à 70 ans, et les machines ont remplacé les bras pour une part significative des travaux pénibles. Les gains de productivité considérables permis par cette abondance énergétique ont libéré du temps pour l'enseignement, les vacances et les loisirs, et ouvert la voie au progrès scientifique et technique : il est difficile de faire des recherches avancées quand la majeure partie du temps est consacrée à travailler aux champs.

Ensuite, la dépendance n'est pas plus discutable : nous devons consommer de plus en plus d'énergie pour un plaisir identique, et les docteurs de la planète que sont les climatologues et les géologues ne se privent pas de nous rappeler que notre consommation est excessive et finira par nous attirer des ennuis.

Enfin, l'addiction est planétaire. Il est remarquable de constater que notre vie quotidienne s'est transformée à peu près de la même manière dans tous les pays des zones tempérées, quels que soient les dirigeants qui ont présidé aux destinées des peuples. La consommation d'énergie par habitant est aujourd'hui, au-delà de la couleur du parti au pouvoir ou de la langue parlée, le meilleur discriminant de la condition humaine. Dis-moi combien de tonnes équivalent pétrole (ou Tep) tu consommes, et je te dirai comment tu vis. Comparés à la situation d'un paysan de l'an 1500, un Français et un Soviétique des années 1970 se ressemblent beaucoup plus qu'ils ne se distinguent, malgré notre perception spontanée du contraire. Il y a aussi considérablement moins de différences entre le mode de vie de Bill Gates et celui du Français moyen, qu'il n'y en a entre la condition paysanne au Moyen Age et la condition prolétarienne en l'an 2000. Choquant ? Qu'on en juge : l'ouvrier occidental vit deux à trois fois plus longtemps qu'un seigneur du Moyen Age, écoute un orchestre symphonique au petit déjeuner si ça lui chante, dispose 24 heures sur 24 d'un luxueux fiacre personnel, peut faire un tour en Amérique en quelques heures, ou augmenter la température de 3 degrés d'une simple pression sur un bouton. Et pourtant, nous ne nous privons pas de considérer l'essentiel de la population comme

« modeste ». Modeste par rapport à quoi ? Même un habitant des pays les moins avancés de l'an 2000 n'a strictement rien à envier au Français du XVIIe siècle, qui avait souvent faim et froid, était très souvent malade, et mourait de tout cela dans des proportions qui n'ont rien à voir avec les taux de décès actuels. Un Indien de l'an 2000, avec ses « maigres » 300 ou 400 dollars de PNB par habitant et par an, vit 15 à 20 ans de plus qu'un Français de 1900, et a accès – en moyenne bien sûr – à beaucoup plus de services (enseignement, transports, médecine, télécommunications) que notre concitoyen d'il y a un siècle.

Combien d'esclaves ?

Cette transformation radicale de nos vies quotidiennes, nous la devons à l'abondance énergétique, qui est *le* fait nouveau du dernier siècle, celui qui a entraîné tous les autres. Pour les lecteurs allergiques (on les comprend) aux joules, kilowattheures et autres tonnes équivalent pétrole, il existe une unité d'énergie qui permet de mesurer ce formidable bond effectué par notre espèce : « l'équivalent esclave ». Nos esclaves, ici, sont bien évidemment virtuels, ce qui permet de les évoquer en tout bien tout honneur. Ils désignent tout simplement la quantité d'énergie utile qu'un homme est capable de restituer dans une journée de dur labeur. Prenons un manœuvre qui va charrier de la terre toute la journée en creusant un grand trou. Il aura fourni, lorsqu'il posera enfin sa pelle après ses 8 heures de travail, une ridicule énergie mécanique de... 0,05 kWh. Un sherpa qui gravit 2 000 mètres de dénivelé avec 30 kilos sur le dos fournira quant à lui 0,5 kWh au terme de sa grosse suée. Or, le moindre litre d'essence, qui coûte un peu plus de un euro en Europe occidentale, contient 10 kWh d'énergie, c'est-à-dire le travail de 10 paires de jambes pendant une journée, ou de 100 paires de bras sur cette même durée (car avec nos 10 kWh d'essence, nous n'obtiendrons au mieux que 5 kWh d'énergie mécanique une fois brûlée dans un moteur). Formidable ! Extraordinaire ! Abracadabrantesque ! Avec 1 euro – 10 minutes de travail pour une personne au SMIC –, je m'achète l'équivalent du travail humain de 10 à 100 personnes sur une journée ! Au risque de choquer le lecteur habitué à entendre le contraire à longueur de temps, force est de constater que, en regard du service mécanique qu'elle rend, l'essence à 1 euro le litre ne vaut rien. A ce prix-là, le kilowattheure fossile vaut 10 centimes, alors que le kilowattheure humain, avec des sherpas payés au SMIC, vaut 100 euros : 1 000 fois plus ! Même à 10 euros le litre, l'essence ne vaut toujours rien comparée au travail humain. Nietzsche a cherché là où il ne fallait pas l'avènement des « surhommes » : ce ne sont pas les valeurs morales qui allaient le permettre, mais les hydrocarbures !

L'abondance énergétique a fait de nous tous – enfants, chômeurs, RMistes et vieillards chenus compris – des surhommes au regard de ce qu'a toujours été la condition humaine depuis ses débuts, et si nous nous estimons encore insatisfaits de notre sort, il faut en chercher la cause ailleurs que dans nos conditions matérielles qui ne sont assurément plus « modestes » pour personne en Occident. A travers sa consommation d'énergie, chaque Européen dispose désormais de 100 domestiques en permanence, qui s'appellent machines d'usine, trains et voitures, bateaux et avions, tracteurs, chauffage central, électroménager, tondeuses à gazon et téléskis. L'automobile est un autre exemple stupéfiant : les fameux « chevaux » de nos moteurs représentent réellement de « vrais » chevaux en termes de puissance fournie. Cela signifie que tout smicard a, aujourd'hui, les moyens de se payer un attelage de 60 à 80 chevaux pour le prix de 8 à 10 mois de salaire : aucun paysan français contemporain d'Henri IV n'aurait imaginé, même dans ses rêves les plus fous, que chacun – car il y a aujourd'hui en France à peu près autant d'automobiles que de ménages – puisse disposer un jour d'un attelage seigneurial dans son arrière-cour !

Tout cela s'est fait en un temps tellement rapide que l'on peut parler de « flash », confirmant que nous sommes bien en présence d'une drogue : mille générations d'êtres humains se sont succédé depuis l'*Homo sapiens sapiens* d'il y a 20 000 ans, et il aura fallu seulement quelques générations pour passer à *Homo industrialis* (ou *Homo energeticus*), caractérisé par un stade de puissance matérielle inédite (mais un côté *sapiens* de plus en plus discutable). Cette puissance, on va le voir, risque fort d'être un épisode extrêmement bref dans l'histoire de notre espèce. Nous vivons actuellement un feu d'artifice – à l'instar du « flash » du drogué – qui a hélas toutes les chances de se terminer mal, et bientôt.

Pour que le parallèle avec la drogue soit complet, il reste à montrer les risques de « troubles graves » associés à l'usage prolongé de l'énergie fossile. Ces troubles, nous en connaissons désormais les noms : ils s'appellent *pénurie* et *changement climatique*. Après avoir favorisé une explosion de la population et un doublement de son espérance de vie, les hydrocarbures ne vont-ils pas engendrer une évolution inverse, avec une régression de la taille et des conditions de vie de l'humanité ? Le trouble sanitaire majeur pouvant découler de l'usage de l'énergie n'est pas, contrairement à ce que croient une large fraction des Français, le problème des déchets nucléaires. C'est le changement climatique, processus d'une tout autre ampleur et d'une tout autre rapidité à l'échelle planétaire. Les déchets nucléaires ne menacent pas, eux, de faire des morts par dizaines de millions, si ce n'est beaucoup plus, avant la fin du siècle.

Dans les griffes de l'effet de serre

A en croire un conseiller scientifique de Tony Blair, le changement climatique est « le plus grave problème que l'humanité ait à affronter, devant le terrorisme ». L'abondance énergétique croissante engendre aujourd'hui une conséquence difficile à éviter : des émissions tout aussi croissantes de gaz à effet de serre, déchets bien réels, même s'ils sont gazeux. Certes, une partie minoritaire de l'énergie consommée par l'humanité ne porte pas atteinte au climat futur : à peu près 20 % du total. Le bois, en particulier (la moitié de ces 20 %), ne participe au changement climatique que si l'on en brûle davantage que ce qui a poussé pendant l'année (et qui absorbe du CO_2). Si cet équilibre est bien respecté en France (globalement, la forêt gagne en surface chez nous), ce n'est pas le cas à l'échelle planétaire, où l'on brûle déjà plus de bois qu'il n'en repousse. Une partie du bois n'est donc pas utilisée comme une énergie renouvelable, mais comme un capital qui diminue peu à peu. L'hydroélectricité (les barrages et l'exploitation des fleuves au fil de l'eau) et le nucléaire (ou plus exactement « les nucléaires », car il n'y a pas qu'une manière d'exploiter l'énergie du noyau des atomes) constituent, chacun à parité, l'autre moitié des énergies non émettrices de CO_2.

Si 20 % seulement de l'énergie consommée dans le monde ne provoque pas de changement climatique, c'est donc que les 80 % restants sont en cause. De fait, les énergies reines de l'humanité, actuellement, sont le pétrole (34 % du total mondial en 2004), le charbon (24 %), et le gaz dit « naturel » (21 %). A propos de « naturel », il est amusant de constater que cet adjectif n'est employé que pour le gaz. Or le charbon et le pétrole le sont tout autant, puisque trouvés dans la nature ! Il s'ensuit une image de propreté associée au gaz de façon tout à fait injustifiée, mais largement exploitée par ceux qui en bénéficient dans les messages publicitaires ! En effet, si le gaz est un peu moins « sale » que le pétrole ou le charbon en ce qui concerne les émissions de CO_2, il n'est pas « propre » pour autant : environ 20 % des émissions de CO_2 d'origine humaine sont dues au gaz, contre 40 % pour le pétrole, et 40 % pour le charbon. Tordons, en passant, le cou à une autre idée tout aussi fausse que largement répandue : le charbon serait une énergie du passé, tout juste bonne pour les Chinois et les Indiens, mais que les Occidentaux auraient largement abandonnée ces dernières décennies. En effet, les premiers consommateurs de charbon par habitant dans le monde sont… les Américains ! Car 40 % de l'électricité planétaire provient de centrales à charbon (cette proportion est de 33 % en moyenne dans les pays dits « développés », mais de plus de 50 % aux États-Unis), charbon qui occupe de très loin la première place pour cet usage devant le gaz (qui sert à produire 20 % de l'électricité planétaire), puis le nucléaire et l'hydroélectricité (16 % chaque), et enfin le pétrole (plus exactement le fioul lourd) pour les quelques % restants. Dire aujourd'hui que le nucléaire permet d'économiser du pétrole est donc faux, puisqu'il n'y a quasiment plus de pétrole dans la production d'électricité dans le monde. Les pays qui n'ont pas fait le choix du nucléaire – ou pas autant que la France – après les chocs de 1974 et 1979 ont remplacé le pétrole par du gaz et du charbon. En revanche, il est parfaitement exact de dire que le nucléaire permet, à production électrique identique, d'émettre moins de CO_2 : aucun pays « développé » ne pourrait remplacer son nucléaire par des éoliennes ou des panneaux solaires, et c'est le gaz, aujourd'hui, qui viendrait remplacer le nucléaire dans les pays qui souhaiteraient ne plus y recourir, avec augmentation à la clé des émissions de CO_2.

En 2005, les énergies renouvelables non mentionnées ci-dessus restent dans l'épaisseur d'un tout petit trait : l'éolien fournit 0,05 % de l'énergie planétaire, environ 0,1 % vient des biocarburants, moins de 0,05 % du solaire thermique (les chauffe-eau pour l'essentiel) et moins de 0,001 % vient du solaire photovoltaïque. C'est la géothermie, avec 0,5 % du total mondial, qui représente la source renouvelable la plus utilisée après le bois (10 %) et les barrages (5 %). Rappelons également que la France, avec ses barrages, produit plus d'électricité renouvelable que le Danemark avec ses éoliennes. Il ne s'agit pas d'en tirer une quelconque fierté nationale, juste de rappeler la réalité des chiffres, qui peut parfois présenter quelques petites différences avec l'opinion populaire !

Mais revenons à notre changement climatique. Comme chaque forme d'énergie fossile n'a jamais cessé de croître depuis le début de son utilisation, y compris le charbon, les émissions de gaz à effet de serre n'ont jamais cessé de croître non plus depuis le début de la deuxième révolution industrielle, il y a un siècle et demi – si nous exceptons quelques rémissions liées à des troubles sérieux comme les guerres mondiales ou les grosses crises économiques. Depuis 1900, la consommation d'énergie de l'humanité a été multipliée par près de 30 et, depuis 1850, par plus de 150 !

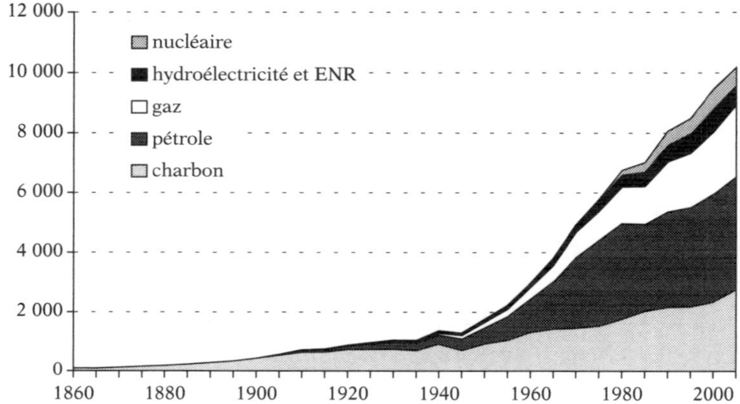

Consommation d'énergie de l'humanité (hors bois), de 1860 à 2004, en millions de tonnes équivalent pétrole. Données primaires : Schilling *et al.* jusqu'en 1977, puis Agence internationale de l'énergie et *BP Statistical Review*.

La tonne équivalent pétrole, utilisée dans le graphique ci-dessus, est une unité très appréciée des énergéticiens, parce qu'elle permet d'exprimer les consommations des individus avec des petits nombres. Elle ne désigne rien d'autre que la quantité d'énergie que l'on obtient en faisant brûler une tonne de pétrole, même si cette énergie est obtenue à partir d'autre chose : charbon, gaz, bois, ou électricité produite avec des barrages ou du nucléaire. Dire qu'un Français consomme 4 tonnes équivalent pétrole par an, c'est dire que, si nous ne consommions que du pétrole, nous en consommerions 4 tonnes par personne et par an. En fait, le pétrole n'a représenté en France que 38 % de notre énergie en 2000, ce qui en fait quand même la première source d'énergie dans l'Hexagone, devant tout le reste et notamment le nucléaire, bien que ce dernier soit plus souvent à l'honneur dans le journal. L'atome, c'est 31 % de l'énergie tricolore, devant le gaz avec 14 %, et enfin le charbon, le bois et l'hydroélectricité avec 5 à 6 % chaque. Ces comptes sont établis en « énergie primaire ».

Les autres énergies renouvelables sont tout aussi marginales en France qu'elles le sont dans le monde. L'Hexagone est donc un pays « majoritairement fossile », comme tous les autres pays industrialisés, même s'il l'est un peu moins que les autres du fait que 95 % de l'électricité française vient du nucléaire et des barrages. Notons que nous partageons cette caractéristique d'avoir une électricité presque sans CO_2 avec d'autres pays européens – la Norvège (100 % hydroélectrique), la Suisse et la Suède (50 / 50 hydroélectricité et nucléaire).

Comme la consommation d'énergies fossiles n'a pas cessé de croître dans le monde depuis la révolution industrielle, et comme l'utilisation du charbon, du gaz et du pétrole engendre des émissions de CO_2, ces dernières n'ont pas non plus cessé de croître depuis que nous avons commencé à nous adonner aux délices de la machine à vapeur.

Le graphique ci-dessous livre une donnée fondamentale : depuis que la croissance économique existe (car l'évolution du PIB préoccupait assez peu l'homme préhistorique !), cette croissance s'est *toujours* accompagnée d'une augmentation des émissions de CO_2 fossile. Cela ne signifie pas, bien sûr, qu'à l'avenir il soit impossible de séparer les deux, mais cela ne se fera pas d'un simple coup de baguette magique, ni en mettant en

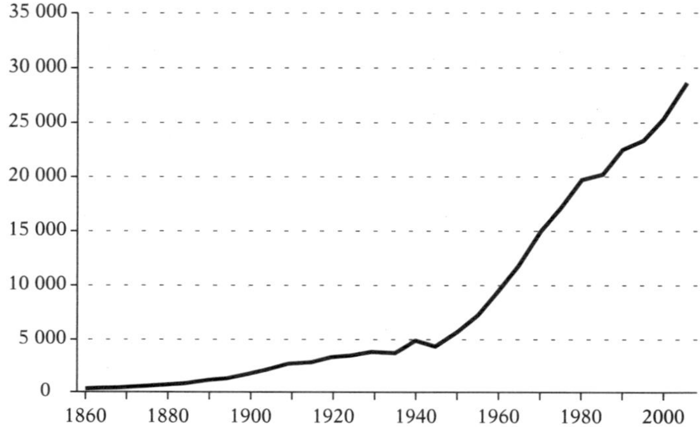

Émissions de CO_2 d'origine fossile, en millions de tonnes, depuis 1860 : elles ont été multipliées par quatorze en un siècle ! Les seuls événements ayant engendré un ralentissement passager sont la grande crise de 1929, la Seconde Guerre mondiale et le choc pétrolier de 1979.

œuvre un bon vieux « yaka ». Tel qu'est construit aujourd'hui le fameux PIB, ou « produit intérieur brut », que nous ausculterons en détail au chapitre 5, tout individu souhaitant la poursuite de la croissance économique souhaite aussi, même s'il ne s'en rend pas compte, la poursuite de la hausse des émissions de CO_2 fossile.

Si le but principal de cet ouvrage n'est pas de faire une description par le menu de ce qu'est le changement climatique (voir la bibliographie), il est utile de rappeler sommairement quelques conséquences de nos émissions de gaz à effet de serre. Tout d'abord, la durée de vie du CO_2 que nous injectons dans l'atmosphère (en plus de celui qui s'y trouvait naturellement) est très longue. Si l'homme cessait brusquement, demain matin, ses émissions de CO_2 d'origine fossile, il faudra peut-être attendre plusieurs milliers d'années avant que la quantité de CO_2 dans l'air ne revienne au niveau qui était le sien avant le début de la révolution industrielle. A cause de cette caractéristique, et aussi de l'inertie considérable de certains composants de la planète (l'océan, par exemple), la perturbation que nous avons mise en route est *totalement irréversible* à l'échelle d'une vie humaine. Quoi que nous fassions aujourd'hui, l'évolution climatique des 20 prochaines années est à peu près scellée, et nos descendants devront s'en accommoder, que cela leur plaise ou non. Malgré cette irréversibilité, il nous reste un choix, *majeur* : décider si nos enfants et leurs enfants vivront avec un climat différent du nôtre, mais gérable, ou si nous allons leur léguer une planète considérablement moins hospitalière. Ce choix va se jouer dans les décennies qui viennent : c'est donc aux adultes d'aujourd'hui qu'il incombe, pour l'essentiel, de décider du climat dans lequel vivront nos successeurs proches et lointains. Or ce problème ne pourra pas être réglé volontairement en se passant de quelques produits bien particuliers, comme ce fut le cas pour l'ozone. Ce qui est en cause pour le climat, c'est manger, conduire, se chauffer, et produire tout ce que nous mettrons dans un caddie d'hypermarché. Rien que ça !

Y'a plus de saisons

Le climat se réchauffe. Et alors ? Un degré de hausse (en moyenne planétaire) par rapport à aujourd'hui, c'est ce que la planète a connu pendant l'holocène, il y a 8 000 ans. C'était peut-être différent des conditions actuelles, mais à l'évidence pas incompatible avec la vie, puisque nous sommes toujours là. En revanche, il est impossible de décrire avec précision ce que serait une planète qui aurait pris plus de 2 à 3 degrés de température moyenne en un siècle, et *a fortiori* 5 à 10 degrés en deux siècles, ce qui serait inédit pour notre espèce. Pour nous qui écoutons quotidiennement des bulletins météo dans lesquels la température varie de plus de 5 degrés entre le matin et l'après-midi, et de 20 à 30 degrés entre les saisons, il est difficile de comprendre en quoi quelques petits degrés d'écart sur le thermostat planétaire pourraient être si redoutables. Nous ne percevons tout simplement pas que la température *moyenne* de la planète varie très peu au fil des jours, des mois ou des années : quand le soleil se lève en France, il se couche en Australie ; quand l'hiver arrive à Santiago, c'est l'été qui s'installe à Moscou et la moyenne, elle, reste à peu près stable.

Le « petit âge glaciaire », qui a refroidi l'Europe occidentale au XVIIe siècle, ou « l'optimum médiéval » (aux alentours de l'an mil) qui permit à Erik le Rouge de coloniser le Groenland, correspondent à des variations de la moyenne planétaire qui sont probablement restées inférieures au degré. Un écart de 5 degrés, en revanche, s'appelle tout simplement… un *changement d'ère climatique*. Ainsi, il y a 20 000 ans, au plus fort de la dernière ère glaciaire, quand les mammouths déambulaient dans le Périgord à la place des touristes anglais, que la France, couverte d'une maigre steppe, avait un sol gelé en permanence, et que le niveau des océans avait baissé de 120 mètres, le thermostat planétaire n'avait baissé *que* de 5 °C par rapport à aujourd'hui. En outre, lorsque la planète est passée de l'ère glaciaire au climat actuel, avec à l'évidence une modification de l'environnement, cela a pris pas moins de 10 000 ans. Une hausse de quelques degrés de la moyenne planétaire en un ou deux siècles seulement irait donc 50 à 100 fois plus vite que ce que la nature a fait toute seule dans le passé, et s'assimilerait bien plus à un véritable choc climatique qu'à une promenade de santé. On peut légitimement se demander si une évolution aussi radicale permettra de conserver une humanité de quelques milliards: d'hommes avec une espérance de vie à la naissance de 50 ou 60 ans. En raison de l'inertie mentionnée plus haut, nous pourrions nous retrouver dans la situation particulièrement angoissante où nous saurions que nous courons vers des catastrophes majeures tout en ne pouvant plus rien faire pour les éviter, et pas grand-chose pour en atténuer les effets. Chercher à connaître par le menu les conséquences d'une telle élévation de température en un laps de temps aussi réduit avant d'agir est désormais une perte de temps, et revient à penser que si nous ne savons pas ce qui peut se passer avec suffisamment de détails, c'est que nous ne risquons rien. C'est bien sûr faux : un homme endormi à l'arrière d'une voiture qui fonce dans un brouillard à couper au couteau, avec un camion en travers de la chaussée quelques centaines de mètres plus loin, ne risque-t-il rien parce qu'il est ignorant de sa situation ? Faut-il absolument faire au conducteur une liste précise de tout ce qui peut lui arriver pour l'inciter à lever le pied ? Combien de temps allons-nous encore penser que l'ignorance est une police d'assurance ?

A entendre les journalistes, certains élus, ou même l'homme de la rue, force est de constater que la question du changement climatique est encore très loin d'être correctement cernée. L'une des erreurs d'appréciation les plus fréquentes est de considérer que le changement climatique est un problème comme les autres : on s'en occupera plus tard, si les conséquences deviennent vraiment désagréables, et on fera alors ce qu'il faut pour le régler. Car, de fait, bien des pollutions locales sont fortement réversibles, et s'accommodent très bien d'un traitement quand la nuisance devient insupportable : il y a trop de bruit ? On arrête les voitures et les avions, ou on double les vitrages ! Il y a trop d'oxyde d'azote ou de dioxyde de soufre ? On arrête les voitures à nouveau, ou les centrales à charbon, et quelques jours après on sera tenté de croire que le problème n'a jamais existé. Le plomb a disparu de l'air des villes (mais pas tout à fait des glaces polaires, il est vrai) depuis qu'il a été supprimé dans les carburants, et une moindre utilisation des engrais azotés se voit dans l'environnement peu de temps après. Bien sûr, certaines pollutions ou atteintes à la nature sont plus persistantes (métaux lourds, DDT), voire indéfinies, comme la disparition d'une espèce ou d'un stock de poissons. Mais, pour l'heure, nous n'avons jamais eu à souffrir fortement d'une pollution globale, différée et irréversible ; notre intuition ne nous aide donc pas beaucoup à comprendre comment cela se gère. En particulier, nous avons déjà injecté de grandes quantités de CO_2 dans l'atmosphère, et les conséquences sont à ce jour loin d'être dramatiques. Mais penser que le changement climatique n'est pas un problème grave parce que nous n'avons encore rien vu équivaut à considérer que le tabac est inoffensif puisque tous les fumeurs sont encore vivants. Et pour continuer dans cette même veine, le jour où le cancer du poumon se déclare ou que l'hémiplégie frappe, ce n'est pas d'arrêter de fumer qui change grand-chose ! Si nous attendons que la situation climatique soit gravissime pour agir, nous n'aurons alors qu'une garantie : que les désagréments augmenteront ensuite, quoi que nous fassions. Ces quelques faits, parfaitement connus des spécialistes, restent pourtant dramatiquement ignorés de l'immense majorité de la population, de ses représentants, et des personnes chargées d'informer tout ce beau monde.

Une première raison de souhaiter que la consommation d'énergies fossiles diminue pourrait donc venir d'un souhait planétaire (nécessairement progressif, et nécessairement minoritaire au début) de ne pas voir le système climatique évoluer vers une situation où ce dernier serait nettement moins propice à notre espèce. La physique impose que cela passe, *a minima*, par une division par deux des émissions mondiales de CO_2, et donc de la consommation de charbon, de gaz et de pétrole.

Y'a plus de pétrole

Même si le climat n'est pas une préoccupation majeure, et même si les physiciens qui se penchent sur notre avenir climatique se trompent (ce qui semble peu probable, la physique concernée ayant largement fait ses preuves depuis deux siècles), l'humanité devra de toute façon consommer moins d'énergies fossiles « un jour », et ce jour arrivera vraisemblablement avant la fin du XXIe siècle. Car ces énergies ne sont pas renouvelables à l'échelle des temps historiques : il faut 300 millions d'années pour faire du charbon, et quelques millions au moins pour faire du pétrole et du gaz. Si le stock de départ est fixé une fois pour toutes, non seulement nous ne pourrons pas continuer indéfiniment à consommer toujours plus de ces énergies fossiles, mais une consommation simplement constante deviendra impossible. Pire : la consommation de n'importe quelle énergie fossile va passer par un maximum, puis ira en diminuant inexorablement ensuite (en moyenne bien sûr), quoi que nous fassions. Aucune idéologie dans cette conclusion : il ne s'agit que de mathématiques. Bien que le pétrole ne représente « que » 40 % – environ – de l'énergie consommée dans le monde, il sert souvent de référence pour disserter sur notre futur. Parlons donc du pétrole pour commencer.

« Il est difficile de faire des prévisions, surtout quand elles concernent l'avenir. » Cette boutade célèbre est fréquemment invoquée pour nier un éventuel problème d'approvisionnement en énergie dans les décennies qui viennent, au motif que « cela fait 40 ans que nous n'avons du pétrole que pour 40 ans », et qu'il est donc urgent de ne pas se faire de bile. Il est certain que, depuis que nous consommons du pétrole, le spectre de sa pénurie n'a jamais cessé d'être évoqué à intervalles réguliers. On attribue souvent au rapport du Club de Rome, publié en 1972, la première prise de conscience sur le manque à venir. C'est pourtant dès le début du XXᵉ siècle, soit moins de 50 ans après la première exploitation industrielle de l'or noir, que des voix s'élèvent pour affirmer que ce liquide, bien moins précieux à l'époque qu'il ne l'est devenu aujourd'hui, viendra bientôt à faire défaut. C'est peu dire que l'erreur était manifeste : non seulement la consommation n'a pas diminué, mais elle a ensuite été multipliée par plus de 40 entre 1920 et 2000 ! Dès lors, en ce début de troisième millénaire, faut-il accorder une attention quelconque aux spéculations sur la fin prochaine du pétrole, qui repartent à la hausse à chaque hoquet sur le marché ?

Pour produire du pétrole, il faut d'abord passer par une étape difficile à éviter : le découvrir. Or, les découvertes mondiales de pétrole sont en baisse rapide depuis 1960. La relance de la prospection qui a suivi les chocs pétroliers de 1974 et 1979 n'a conduit qu'à un sursaut transitoire sur la tendance lourde à la baisse, amorcée 15 ans auparavant, et qui ne s'est pas démentie depuis, malgré tout ce qui peut se dire sur l'offshore (pétrole océanique) profond.

D'autres chiffres montrent que le pétrole d'aujourd'hui provient pour l'essentiel de gisements exploités depuis plusieurs décennies : 70 % de la production saoudienne vient de champs découverts il y a plus de 50 ans, et en Irak, détenteur des deuxièmes réserves de pétrole au monde après l'Arabie Saoudite, 80 % de la production provient de champs ayant plus de 45 ans

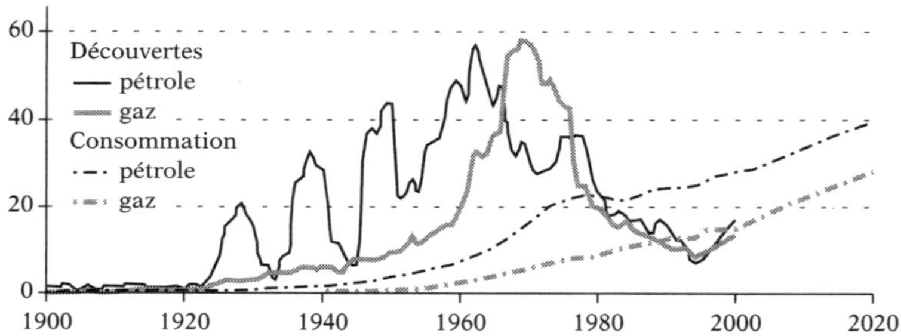

Découvertes annuelles de pétrole et de gaz depuis 1900 (en moyenne mobile sur 5 ans), en milliards de barils (pour le pétrole) ou de barils équivalent pétrole (pour le gaz). Les découvertes de pétrole baissent depuis 1960 ; depuis 1980, les découvertes sont inférieures à la consommation (alors que les réserves prouvées continuent à croître), et le gaz suit une évolution identique à celle du pétrole, avec un léger décalage. Les consommations de pétrole et de gaz après 2000 sont bien entendu des projections, non des prévisions. Source : Exxon Mobil, 2002.

d'âge. Penser que l'augmentation des réserves vient d'un flux de découvertes qui les réalimente en permanence est donc parfaitement faux.

Et pourtant, cela fait des dizaines d'années que ces réserves augmentent alors même que nous les consommons. D'où peut bien venir cette illusion d'optique ? Tout simplement du fait que les chiffres publiés ne concernent qu'une partie du pétrole disponible sur Terre. Les commentaires faits sur ces chiffres, confondant la partie et le tout, sont dès lors fatalement erronés.

Si nous voulons comprendre « comment ça marche », il va falloir entrer un tout petit peu dans les détails, mais la lumière est à ce prix. La totalité du pétrole extractible sur Terre peut se classer en trois catégories :

– Celui qui a déjà été extrait et consommé : s'il est déjà sorti de terre, nous sommes raisonnablement sûrs qu'il était extractible !

– Celui que nous n'avons pas encore produit, mais qui est contenu dans des champs déjà mis en exploitation, et dont l'extraction est certaine avec les techniques disponibles et aux conditions économiques du moment : ce pétrole constitue les *réserves prouvées.*

– Tout le reste, qualifié de *réserves additionnelles* (ou encore *réserves probables et possibles*), peut désigner :

le pétrole déjà découvert mais pas encore mis en production ;

le pétrole non encore découvert mais dont les géologues savent (avec des méthodes statistiques) qu'il sera très probablement découvert « plus tard » ;

le surplus de pétrole dont on constatera l'existence dans des réservoirs déjà découverts ou exploités, mais dont la contenance sera probablement revue à la hausse « plus tard » (car personne ne se promène en sous-sol avec un pied à coulisse pour mesurer précisément la taille des réservoirs !) ;

enfin le surplus qui voudra bien sortir de tous ces réservoirs quand les techniques d'extraction auront progressé, ou, de manière plus marginale, quand les prix auront monté.

Le pétrole qui reste à notre disposition, et à celle de nos descendants, n'est donc pas celui des seules réserves prouvées, mais la somme des réserves prouvées et additionnelles (somme parfois qualifiée de « réserves ultimes restantes »). *Seules les réserves prouvées font l'objet d'une obligation de publication, à la demande des autorités de Bourse.* Le miracle apparent des réserves perpétuellement croissantes, alors que nous piochons toujours plus dedans, devient ainsi facile à expliquer : les réserves prouvées de l'an 2000 comportent du pétrole qui, en 1970, était déjà fort bien connu des pétroliers, mais inconnu du grand public, car rangé dans les réserves additionnelles, non soumises à publication. Aujourd'hui, l'essentiel de ce qui reste à extraire est rangé dans la case « réserves prouvées », alors qu'il y a 30 ans le gros du pétrole « disponible pour plus tard » faisait partie des réserves additionnelles. Le petit tableau ci-dessous permettra de comprendre en un clin d'œil ce qui s'est passé (les quantités sont en milliards de tonnes).

Année	**1970**	**2000**
Pétrole déjà extrait et consommé	35	128
Réserves prouvées	72	140
Réserves additionnelles, non encore prouvées (moyenne des estimations)	250	89
Total du pétrole extractible sur Terre	**357**	**357**

On voit ici que la Terre n'a pas révélé, depuis 1970, de gisements largement imprévus à l'époque, ce qui est cohérent avec une courbe des découvertes en baisse depuis 1960.

Une autre illusion d'optique vient de ce que les réserves prouvées sont souvent exprimées en multiples de la consommation de l'année de publication, ce qui transforme insidieusement un volume en durée. En 2001, par exemple, les réserves prouvées publiées par une revue spécialisée qui fait référence *(BP Statistical Review)* représentaient 41 fois la consommation de l'année 2001. Puis le raccourci médiatique passe par là, et la phrase rigoureuse « le pétrole accessible de manière certaine à l'avenir représente 41 fois la consommation de l'année passée » devient la phrase approximative « il y a 41 ans de pétrole », donnant alors l'illusion que nous sommes tranquilles pour une durée équivalente. Nous pouvons attester personnellement du fait que cette erreur d'appréciation remonte jusqu'aux plus hauts personnages de l'État (et de la presse). Funeste erreur ! D'une part, des réserves prouvées qui valent 41 fois la consommation de l'année peuvent très bien n'être extraites... qu'en 60 ou 80 ans seulement, voire encore plus. Et, d'autre part, 41 fois la consommation de l'année représente moins de 41 ans de « tranquillité » avec une consommation pétrolière qui croît de 2 % par an, comme c'est le cas en moyenne depuis 30 ans (et même beaucoup moins, comme nous allons le voir plus bas). Et si les opérateurs ne disent pas noir sur blanc que le pétrole contenu dans les réserves permet 41 ans de croissance de la production, on peut leur reprocher de ne pas dire explicitement le contraire, ce qui éviterait bien des malentendus.

Nous sommes donc plus proches de la fin de la croissance de la production pétrolière que nous aimons à le croire. Pour autant, la « fin du pétrole » n'est pas pour demain, et nous n'allons pas passer de manière instantanée d'un approvisionnement satisfaisant à la dernière goutte. Comme indiqué plus haut, la production va passer par un maximum, puis diminuer. Il y aura donc encore du pétrole en 2040, en 2060, en 2100 et même en 2200. Mais dire qu'il y aura encore du pétrole en 2100 ne signifie pas qu'il y en aura encore à des prix abordables pour que six milliards d'hommes puissent vivre comme aujourd'hui.

La question centrale est donc celle-ci : quand, au plus tard, la production pétrolière commencera-t-elle à décliner ? Les estimations publiées par les opérateurs pétroliers vont de 2010 à 2030. Shell, par exemple, situe ce moment vers 2025, mais Total le met plutôt vers 2020, tout en n'excluant pas qu'il survienne avant. Il est normal qu'il y ait une incertitude sur la survenue de cet événement : le dater avec précision supposerait de connaître la quantité de pétrole extractible avec une très grande précision – alors que les estimations publiées varient d'un facteur 2 – et de connaître la consommation de l'humanité à l'avenir avec tout autant de précision. Mais rappelons-nous que l'humanité a consommé autant de pétrole entre 1980 et 2000 qu'entre 1859 et 1980 : avec une consommation qui croît de 2 % par an, doubler la quantité de pétrole extractible ne promet pas un demi-siècle de tranquillité supplémentaire, mais à peine 10 à 15 ans.

Avec le pétrole, nous ne sommes donc pas tranquilles pour 40 ans. La décroissance de la production pétrolière sera inéluctable dans moins d'une génération, même si l'échéance précise reste – et restera jusqu'à la fin – un objet de débat.

Y'a plus d'énergie

Pour autant, « moins de pétrole » n'implique pas nécessairement « moins d'énergies fossiles », ces dernières incluant aussi le charbon, le gaz et un composé intermédiaire entre le pétrole et le charbon, le « pétrole non conventionnel » (comme les sables bitumineux du Canada). Tous ces hydrocarbures peuvent en effet être utilisés à la place du pétrole, tant pour les carburants que pour l'industrie ; cela n'a rien d'une hypothèse d'école ! Il est par exemple possible de « liquéfier le charbon », c'est-à-dire d'en faire des carburants de synthèse, avec un coût de production qui reste parfaitement compatible avec une utilisation de masse : environ 35 dollars le baril de « faux pétrole » (qui dans la pratique ressemble furieusement au vrai). Deux exemples célèbres ont démontré la faisabilité à grande échelle de ce processus : l'Allemagne nazie, qui n'avait pas beaucoup de pétrole mais du charbon en abondance, et dont, à l'évidence, les chars et les avions ont quand même fonctionné à peu près correctement, et l'Afrique du Sud, lorsqu'elle était sous embargo de la communauté internationale. Il est tout aussi possible de liquéfier le gaz, comme il est parfaitement envisageable de remplacer la pétrochimie par la carbochimie, pour l'excellente raison que l'histoire a suivi le chemin inverse : bien des procédés actuels utilisant le pétrole ont commencé au XIXe siècle avec du charbon.

Outre qu'il peut remplacer progressivement le pétrole dans toutes ses applications, le charbon est bien mieux distribué. Les principaux gisements se trouvent en Amérique du Nord (les États-Unis possèdent le quart des réserves prouvées du monde), en Asie (notamment en Chine et Inde), en Australie, en Europe (l'Allemagne et la Pologne possèdent encore des quantités importantes de charbon) et en Russie : en clair, tous les pays industrialisés ont du charbon « à proximité », ce qui permettrait également d'envisager, en théorie, de ne plus inonder de pétrodollars les pays du Golfe et leurs satellites. Mais il faudrait environ 20 ans pour remplacer tout le pétrole par du charbon, ce qui suppose de construire des usines de liquéfaction en masse, de refaire des oléoducs au départ des bassins charbonniers, qui ne sont pas les mêmes que les bassins pétroliers, etc. Enfin, et c'est probablement le problème le plus important : non seulement nous finirions aussi par nous retrouver sans énergie fossile abondante avant la fin du XXIe siècle, mais nous aurions en outre engendré un changement climatique de grande ampleur qui deviendra un candidat sérieux à la régulation forte de la population dans un avenir plus ou moins lointain.

Stop ! La « séquestration du CO_2 » permettra d'utiliser le charbon sans injecter ce gaz dans l'atmosphère : nous sommes donc tranquilles pour un bon bout de temps. Que l'on puisse éviter au CO_2 de partir dans l'air peut assurément s'envisager pour les usines qui convertiraient le charbon en carburants liquides, mais il n'est pas question d'aller mettre un petit sac derrière chaque pot d'échappement de voiture qui fonctionnera avec le carburant « de synthèse » ainsi réalisé. Et pour ce qui est de l'électricité au charbon, il va couler un peu d'eau sous les ponts avant qu'une grande partie des centrales soient équipées d'un dispositif de capture et de séquestration du CO_2. Il n'est pas possible de faire ce genre de choses sur les centrales existantes ; on perd de 20 % à 40 % de l'énergie initiale pour capturer le CO_2 dans la fumée et le mettre dans un lieu dont il ne sortira plus, ce qui aura un coût et fera traîner les pieds à nombre d'opérateurs dans un marché « libéralisé » ; les mines de charbon – et donc les centrales électriques qui sont souvent construites à côté – ne sont pas nécessairement à côté des bons « trous » dans lesquels mettre le CO_2... Même quand des prototypes en auront démontré la faisabilité technique, il faudra diffuser le procédé, ce qui ne sera pas instantané, et le potentiel de réduction des émissions de CO_2 ne sera pas du tout de 100 %, mais plutôt de 20 % à terme. Cela n'est certes pas négligeable, mais insuffisant en proportion et trop lointain si nous commençons à recourir massivement au charbon.

En supposant que nous puissions utiliser indifféremment du pétrole, du gaz ou du charbon pour faire tourner les usines, chauffer ou climatiser les logements et les bureaux, alimenter les centrales électriques, faire rouler les voitures et les camions, naviguer les bateaux et voler les avions, en se souciant comme d'une guigne du changement climatique, combien de temps l'abondance durerait-elle ? Là encore, les affirmations le plus souvent lues dans la presse pèchent par ignorance de ce qu'est une consommation croissante. Il s'entend fréquemment, par exemple, que nous avons trois siècles de charbon devant nous. Mais cette manière de voir repose à l'évidence sur une hypothèse tout aussi invraisemblable que pour le pétrole, celle d'une consommation qui deviendrait tout d'un coup constante, alors qu'elle n'a jamais cessé de croître ! Il y a certes 10 fois plus de charbon que de pétrole sous terre, mais cela reste une quantité finie. Le gaz, quant à lui, n'est guère plus abondant que le pétrole, ni mieux réparti : un tiers des réserves prouvées se situe en Russie, pays dont le côté ouvert et démocratique peut se discuter, et un autre tiers au Moyen-Orient, dont 12 % en Iran. Enfin, les découvertes de gaz sont en baisse constante depuis 30 ans, ce qui signifie que nous connaissons de mieux en mieux, pour le gaz comme pour le pétrole, l'ordre de grandeur des ressources planétaires.

Supposons pour finir que la consommation d'énergie de l'humanité continue à croître de 2 % par an à l'avenir, comme elle l'a fait en moyenne depuis 1970, sans que rien l'en empêche. Question : en combien de temps aurons-nous brûlé tout ce qui peut être récupéré en matière de charbon, de pétrole et de gaz ? Réponse : *moins d'un siècle*.

Que l'on prenne le problème par l'amont, en s'interrogeant sur l'abondance des combustibles fossiles, ou par l'aval, en analysant les conséquences des émissions de CO_2, la prolongation sur un siècle des tendances des dernières décennies aboutit donc à des situations complètement irréalistes. Tout d'abord, nous nous réveillerions un jour sans un seul litre de pétrole, un seul mètre cube de gaz, une seule cuiller à soupe de charbon, alors que la veille la production était encore maximale : ce n'est à l'évidence pas comme cela que les choses vont se passer. Ensuite, les émissions de CO_2 seraient telles que la température planétaire aurait grimpé de 5 degrés au moins en 2100, en attendant de s'élever peut-être de 10 à 20 degrés en 2200. 10 à 20 degrés, alors que la presse évoque souvent 5,8 degrés comme hausse maximale ? Hélas, oui : il va falloir des siècles pour que la température s'arrête de monter après le maximum des émissions humaines. En outre, en cas d'émissions intensives pendant les premières décennies du XXIe siècle, dans le prolongement des tendances actuelles, les écosystèmes terrestres se mettront à recracher dans l'atmosphère une partie du carbone qu'ils absorbent aujourd'hui, conduisant à un emballement qui durera bien au-delà de 2100. L'année 2003, en Europe, a peut-être préfiguré ce risque majeur pour le futur : sous l'effet du stress thermique et du manque d'eau, la végétation a moins absorbé de CO_2 cette année-là que les sols n'en ont émis (par décomposition de l'humus). La canicule a donc transformé temporairement les écosystèmes terrestres en émetteurs nets de CO_2, alors que d'habitude ils épongent une partie de nos émissions. Si ce processus s'étend à la planète entière de manière chronique, ce que tous les modèles climatiques incluant la végétation prédisent en cas de « laisser-faire » généralisé, nous aurons mis en route une machine infernale qui amènera une hausse des températures dont le maximum est à ce jour inconnu. L'une des conséquences évidentes sera l'arrêt de la hausse de nos émissions (celles des humains), parce que aucune activité industrielle florissante ne perdurera dans un tel contexte.

Puisque la poursuite des tendances actuelles est impossible sur tout le présent siècle, la froide logique implique qu'un changement dans l'évolution du monde interviendra avant 2100. Le XXIe siècle a donc toutes les chances de voir le début de la décroissance « longue » de la consommation d'énergies fossiles, la seule question posée étant de savoir si cette décroissance sera volontaire, ou résultera d'un processus qui ne nous aura pas demandé notre avis. En pareil cas, il y a toutes les chances pour que l'humanité se comporte de manière gravement inégalitaire. Une répartition équitable d'une ressource globalement insuffisante conduirait en effet à ce que chacun ait moins que le minimum vital, c'est-à-dire à la mort de tous. L'aboutissement logique de la pénurie (qu'il ne faut pas confondre avec la régulation désirée), c'est donc la barbarie pour tous et la mort de quelques-uns, pour éviter la mort de tous.

Dès lors, devons-nous attendre la régulation involontaire, ou nous retrousser les manches pour commencer tout de suite une « décroissance fossile » de manière volontaire ? Évoquer la deuxième éventualité fait le plus souvent de vous un bon candidat à l'asile : quoi, il faudrait « désirer » un retour à l'âge de pierre, ou, à la rigueur, à celui du bronze ? En fait, comme nous le verrons plus loin, la solution au problème n'est pas, et loin s'en faut, un simple bond de 10 000 ans en arrière. En revanche, il est certain que le montant de la facture ne sera pas le même selon que nous la réclamons dès maintenant ou que nous attendons de la recevoir plus tard, avec de monstrueux intérêts de retard.

2

Puis-je payer plus tard ?

« Je n'arrêterai jamais de fumer, c'est trop dur. » Nous avons tous entendu prononcer cette phrase qui, prise au pied de la lettre, est évidemment fausse. Tous les fumeurs arrêtent de fumer un jour – au plus tard au moment de leur mort ! Et il est facile de comprendre que moins notre fumeur choisit l'arrêt volontaire, plus il augmente la probabilité d'un arrêt involontaire (pas nécessairement liée au tabac) qui a toutes les chances d'être beaucoup plus désagréable. Ni le cancer du poumon ou de la gorge, ni les accidents vasculaires et leur cortège de paralysies et d'amputations ne sont des compagnons de route très agréables pour ce qu'il restera de son existence. Pour pénible qu'il soit, l'arrêt involontaire a néanmoins deux avantages incontestables : il est « pour plus tard », sans échéance précise, et l'heureuse surprise n'est jamais exclue. Grâce à sa bonne étoile (la même qui fait gagner tout le monde au Loto), on passera à travers les mailles du filet en ayant eu tous les avantages sans avoir les inconvénients.

Notre attitude vis-à-vis de l'énergie s'apparente, à bien

des égards, à celle du fumeur : il s'agit de renoncer volontairement à une drogue dont les bénéfices sont immédiats et certains, et les inconvénients futurs et seulement possibles. Pas facile ! Pour le tabac, nous savons clairement à quoi nous expose l'absence de renonciation volontaire. Pour les kilowattheures, la vision est plus brouillée, car les inconvénients à venir liés à notre surconsommation d'énergie fossile ne sont que le fruit d'un raisonnement : personne n'a encore jamais vu une humanité manquer gravement d'énergie ou subir un choc climatique majeur. L'élévation de la température planétaire du XXe siècle (0,6 degré) ne donne pas plus d'indications sur ce qui se passera avec quelques degrés en plus que la petite toux d'un fumeur ne laisse entrevoir ce qu'est l'ablation de la glotte : impossible d'imaginer les conséquences du deuxième événement en observant le premier ! De même, les chocs pétroliers de 1974, 1979 et 1990 ont été de simples accidents de parcours sur une tendance haussière de la production. En déduire comment va réagir une humanité confrontée à des ressources déclinantes est tout sauf simple ! Cette difficulté à imaginer quelles catastrophes pourraient nous attendre en cas de poursuite de notre boulimie d'énergie ne supprime pas le danger pour autant. Encore une fois, si nous ne choisissons pas la voie de la décroissance volontaire pour cette consommation, c'est une évolution involontaire qui se chargera de le faire à notre place et, tout comme pour la cigarette, il est à craindre qu'une évolution subie soit autrement plus redoutable qu'une évolution choisie. La force de l'argument serait bien sûr considérablement augmentée si nous avions un banc d'essai permettant, comme pour le tabac, de savoir à quoi s'attendre exactement si nous laissons notre imprévoyance gérer l'affaire. Ah, comme ce serait simple si le système solaire comportait 391 planètes identiques à la Terre, avec 391 humanités ayant développé une civilisation industrielle il y a deux à cinq siècles ! Il nous suffirait alors de sortir notre plus belle longue-vue et de regarder ce qu'il est advenu de ceux qui ont choisi la voie du sevrage énergétique volontaire, et de ceux qui ont laissé les événements décider pour eux. Nul doute que nous disposerions alors d'une vaste panoplie d'épouvantails à agiter sous le nez de tous ceux qui pensent que la régulation involontaire ne sera finalement pas si désagréable que ça.

Une bonne vieille crise

Mais, pour l'heure, nous en sommes réduits aux conjectures, ce qui ne facilite pas l'exhortation aux efforts. Nous nous trouvons dans la situation particulièrement délicate où il nous faut avoir peur d'une chose qui ne s'est jamais produite, et agir de telle sorte qu'elle ne se produise jamais. Pas si simple ! Combien de fois avons-nous entendu que si un jour le prix du pétrole monte (et de toute façon c'est pour dans 40 ans) il sera toujours temps de faire l'effort d'aller chercher sa baguette à pied. C'est ne pas réaliser à quel point la profusion d'énergie en général, et d'or noir en particulier, a profondément transformé notre quotidien en quelques générations. L'énergie fossile a remplacé 90 % des agriculteurs européens par des tracteurs et des engrais, conduit en conséquence à la désertification humaine des campagnes, créé l'industrie, les transports abondants, et tous les emplois et les habitudes de consommation qui en dépendent (qui accepterait, maintenant, de ne plus avoir de fruits frais l'hiver, ou de ne plus trouver dans les commerces que des produits fabriqués à 50 kilomètres à la ronde ?). Elle a libéré, par les machines, que ce soit dans les usines ou à la maison, des centaines de millions de paires de bras (en Occident) qui ont alors pu occuper des emplois de bureau, permis aux familles de vivre de manière éclatée (quel problème d'habiter à 500 kilomètres de ses enfants, si un coup de voiture ou d'avion permet d'y aller fréquemment ?). Elle a permis l'apparition des grandes villes (qui nécessitent du transport longue distance pour tous les approvisionnements) et leur étalement (l'habitat urbain pavillonnaire est impensable sans voitures). Elle a autorisé 35 mètres carrés de logement chauffé par Français, permis l'apparition des médias modernes et réduit les dimensions du monde.

Il est assez stupéfiant de voir qu'un centenaire d'aujourd'hui est né dans un monde sans avions ni voitures, sans autoroutes ni ferries transmanche, sans électricité ni chauffage central, sans supermarchés ni machines à café... Dans ce monde, pas si ancien, il n'y avait pas de fraises ou de tomates au mois de mars, pas de vacances – il fallait travailler toute l'année pour se nourrir ! – ni d'études longues pour tout le monde, pas de musique à la maison (hors celle des instruments joués localement), pas de voyages de noces à Papeete ni même à 1 000 kilomètres de chez soi. Notre centenaire – en 1950 – dépensait l'essentiel de son argent dans deux postes qui représentent aujourd'hui moins de la moitié de notre budget : la nourriture (40 % contre 16 % aujourd'hui) et le logement. Non seulement la consommation a profondément changé, mais aussi tout l'appareil productif qui l'alimente, et les métiers eux-mêmes, dont beaucoup n'existaient pas il y a un siècle. Tordons en passant le cou à une idée sympathique, selon laquelle la profusion d'emplois de bureau est parfaitement inoffensive pour l'environnement. C'est malheureusement une vue de l'esprit : un salarié travaillant dans un bureau consomme autant d'énergie pour son seul travail – à peu près 1,5 tonne équivalent pétrole par personne et par an – qu'un Français en consommait pour tous ses usages il y a 50 ans ! Et le pays au monde qui a le plus développé l'informatique et l'économie Internet – les États-Unis – est aussi celui dont la consommation d'énergie par habitant est la plus élevée...

Peut-on sérieusement penser que désagréger involontairement tout cet édifice bâti sur l'abondance énergétique se fera sans heurts ? Pour se limiter au cas du pétrole, la dépendance de l'appareil productif au précieux or noir se lit déjà dans les statistiques : depuis 1979, dans la zone OCDE, une hausse importante du prix du pétrole engendre une baisse de la croissance l'année d'après, et une hausse du chômage trois ans après. A supposer que cette corrélation reste valable à l'avenir, cela signifie que la première conséquence d'un approvisionnement pétrolier en diminution dans une société non préparée sera une augmentation du chômage, d'autant plus forte que la tension pétrolière sera vive, dans le cadre d'une probable récession mondiale. Or, la dernière fois que le PIB mondial s'est contracté de 30 % en quelques années, avec des taux de chômage approchant les 20 % dans les grands pays, c'était... en 1929. Et tout le monde connaît la suite : près de 20 ans d'une époque ni spécialement tranquille ni spécialement agréable. Qui peut aujourd'hui garantir que les puissants de ce monde resteront perpétuellement sereins si nous renouons avec de tels taux de chômage ?

L'histoire nous enseigne que les plus fameux tyrans du XXe siècle ont dirigé les plus grandes nations de la planète : Mao, Staline et Hitler, qui ont opprimé la moitié de la population planétaire et tué l'équivalent de la population française actuelle, sont pourtant arrivés au pouvoir dans des pays puissants et respectables ; ce n'étaient pas des chefs de populations barbares et arriérées ! Même les États-Unis, exemple de démocratie jeté en pâture à des générations d'étudiants de Sciences po, ont connu des écarts de comportement assez peu glorieux : ils n'ont aboli l'esclavage que bien après les pays d'Europe, ont atomisé 150 000 civils japonais sans grands états d'âme apparents, autorisent aujourd'hui que l'on prenne un brevet sur des organismes vivants, ont constitué un arsenal nucléaire capable d'éradiquer une bonne partie de la planète, et sont partis en quasi-croisade au Moyen-Orient : est-ce une illustration de la plus parfaite sagesse ? Au nom de quoi, dans un monde profondément déstabilisé par une récession majeure, serions-nous garantis contre des coups de folie en provenance de pays apparemment solides aujourd'hui ? Sommes-nous sûrs que la stabilité de l'Occident pendant les 60 dernières années a été la conséquence de la sagesse retrouvée des hommes et du « plus jamais ça » ? La raison profonde n'est-elle pas tout simplement que l'Occident n'a pas été confronté une seule fois à une récession majeure depuis la sortie de la guerre ?

Ni les lois de la physique ni l'imagination ne nous garantissent contre un premier scénario catastrophe qui verrait une crise économique durable et profonde frapper les pays industrialisés comme conséquence d'un pétrole de plus en plus rare, et donc de plus en plus cher, engendrant un chômage de masse, l'arrivée au pouvoir de despotes et de dictateurs, le tout se terminant par une conflagration mondiale. C'est exactement le scénario qui s'est déroulé de 1929 à 1945, à ceci près que la grande crise de 1929 n'a pas été provoquée par un choc pétrolier. La vision naïve d'une « fin du pétrole » qui nous forcera juste à conduire un peu moins, à acheter des chemises « made in près de chez soi » et non made in China, à manger des lentilles un peu plus souvent (il y a plus d'un kilo d'hydrocarbures dans un kilo de bœuf), à payer un peu plus cher le billet d'avion (mais ce n'est pas grave car nous aurons eu une augmentation), est tout sauf réaliste. Ajoutons que la majorité des habitants des pays qui comptent (Europe occidentale, États-Unis, Japon, Russie) est trop jeune pour avoir connu la guerre, sous-estime nécessairement les désagréments qui y sont associés, et ignore que les grands conflits ne sont pas le fait des damnés de la terre (les loques ne se révoltent pas, écrivait Primo Lévi), mais plutôt des nantis qui craignent de ne plus l'être.

De « toujours plus » à « nettement moins »

De deux choses l'une : soit le pétrole est une énergie indispensable et non substituable dans l'économie, notamment à cause de la place qu'ont prise les transports dans l'organisation de la société moderne, soit il ne l'est pas. Dans le premier cas, la diminution inexorable de sa production signera alors le début de la « décroissance économique longue » de l'humanité. Dans le deuxième cas, le pétrole est substituable par d'autres énergies fossiles « un certain temps » : le charbon va prendre le relais, puis, peut-être, les hydrates de méthane. Sauvés, alors ? Hélas non : en pareil cas, le changement climatique devient alors un bon candidat à la mise en route de la décroissance longue de l'humanité un peu plus tard. Certes, un changement climatique de grande ampleur n'est pas le seul candidat au rôle de régulateur, et bien des outsiders sont aussi à considérer : chute d'un astéroïde, épidémie virale massive (ou bactérienne, avec antibiotiques inopérants), stérilité masculine touchant progressivement l'essentiel de la population, conflit nucléaire global... Seules les lois de la physique et l'imagination constituent des limites à ce genre d'exercice !

Et, dans cet ensemble, il n'y a bien évidemment aucune garantie qu'un changement climatique massif sera *le* processus dominant, mais cela devient néanmoins possible. En d'autres termes, si nous brûlons une large part du charbon planétaire au cours du XXIe siècle, voire des hydrates de méthane s'il s'avère qu'ils sont commercialement exploitables (ce qui pour l'heure n'est pas certain), les simulations climatiques actuelles ne permettent pas d'exclure une élévation de température planétaire dépassant 10 degrés en deux siècles. Sachant qu'une baisse de la température planétaire de 5 degrés en un siècle tuerait très certainement des milliards d'hommes sur Terre (une baisse de 5 degrés de la moyenne planétaire, c'est l'avènement d'une ère glaciaire), combien de morts ferait une hausse de la même amplitude ou plus ?

Si nous associons difficilement des milliards de morts à un changement climatique de grande ampleur, ce n'est pas que le risque est inexistant, c'est tout simplement que nous sommes victimes du syndrome du lampadaire, qui consiste à ne chercher que là où il y a de la lumière. La lumière, en l'espèce, est médiatique : journaux, télés et radios focalisent surtout notre attention sur des conséquences déjà visibles du changement climatique, qui ne sont tout compte fait que des problèmes mineurs. Il en va en particulier ainsi des phénomènes dits extrêmes, qui effraient parce qu'ils sont spectaculaires, mais qui restent des tueurs marginaux. Sur une planète où la mortalité – normale, sauf à considérer que nous devions devenir immortels ! – est de l'ordre de 50 000 décès quotidiens, un ouragan comme

Katrina (1 000 à 2 000 morts) représente 30 minutes à 1 heure de mortalité supplémentaire, et même un tsunami à 200 000 morts ne représente que 4 jours de décès « ordinaires ». Pour le moment, la circulation routière (environ 1 million de morts par an dans le monde), le tabac (également environ 1 million de morts par an), l'alcool (quelques centaines de milliers de décès annuels au moins), le paludisme (plusieurs millions de morts par an) ou la rougeole (plus de 1 million de morts par an), sans parler des morts par armes à feu (plus de 100 000 par an, sans compter les guerres) ou de l'obésité (environ 400 000 morts par an rien qu'aux États-Unis) sont des causes de décès autrement plus significatives que les catastrophes naturelles, dont les plus meurtrières sont en outre d'origine sismique et non climatique (tsunamis et tremblements de terre). Si tout ce que le changement climatique nous fait courir comme risques, c'est de nous envoyer un ouragan à 1 000 – ou même à 10 000 – morts tous les ans, nous nous en tirerons très bien.

Hélas, les conséquences d'un changement climatique massif seront certainement plus graves que les pieds dans l'eau à La Nouvelle-Orléans ou à Nîmes. Les phénomènes les plus meurtriers ou les plus désagréables dans l'histoire de notre espèce ne sont pas les tempêtes et les ouragans, mais les famines et les maladies, puis l'oppression politique et la guerre. En particulier, notre victoire au premier set sur les petites bêtes et sur l'insuffisance de production agricole pourrait bien disparaître au deuxième set, quand un climat suffisamment réchauffé – et en conséquence trop chaud et sec par endroits ou par moments – aura redonné de la vigueur aux petites bêtes et affaibli les grosses.

Objection, Votre Honneur : si le blé pousse plus mal, on mettra davantage d'engrais, et pour les maladies, on vaccinera ! Si la température monte, on climatisera ! Pas d'eau ? On irriguera ! Risques d'incendie ? On augmentera le nombre de Canadair ! Plus de maladies ? On augmentera la taille des hôpitaux ! Or tous ces éléments de réponse, qui fondent aujourd'hui notre faculté d'adaptation, nécessitent… une énergie abondante. L'énergie abondante, c'est en effet ce qui permet de faire du froid à volonté quand il fait chaud, du chaud à volonté quand il fait froid, de transporter les aliments du lieu où ils poussent à celui où ils sont consommés, de fabriquer les engrais (actuellement produits à partir de gaz naturel), de pomper l'eau et faire avancer les tracteurs, de libérer des bras devenus inutiles aux champs pour faire fonctionner les hôpitaux et la recherche (ce n'est pas un hasard si cette dernière est d'autant plus importante que la consommation d'énergie par tête est élevée !). L'énergie abondante, c'est encore ce qui permet de faire fonctionner l'adduction d'eau et son épuration, ce qui permet de reconstruire rapidement tout ce qui a été détruit lors d'un événement extrême, notamment les infrastructures de toute nature (routes, lignes électriques, etc.), de conserver les aliments (grâce à la chaîne du froid, donc à l'électricité), d'amener rapidement sur place vaccins et médicaments si nécessaire (par avion), l'armée ou les forces de l'ordre pour éviter le chaos, etc. En bref, l'abondance énergétique est ce qui gouverne *au premier ordre* notre capacité de réaction face à l'adversité, climatique ou autre. Dis-moi combien tu consommes, je te dirai comment tu résistes aux aléas ! Or, si nous avons engendré un changement climatique massif, c'est précisément que nous avons utilisé une large part de l'énergie fossile, de loin la plus commode d'emploi et la moins chère de toutes les formes d'énergie utilisées. Une telle situation mettrait alors nos descendants pas si lointains dans une position franchement désagréable : l'adversité irait croissant, tandis que les moyens d'y faire face iraient en diminuant. Nous sommes sûrs qu'ils nous seront reconnaissants de faire tout cela pour eux : au moins, ils ne seront pas menacés par l'ennui...

Si c'est la sagesse qui guide nos pas – mais voulons-nous être sages, au fond ? –, il ne serait donc pas déraisonnable de nous mettre à la tâche avec un peu plus d'entrain. Considérer que nous étions très loin des limites de la planète il y a un siècle, quand la population était 4 fois moins nombreuse, la consommation d'énergie par individu 6 à 7 fois moins élevée, et que nous avions « tout le temps devant nous », était à l'époque un point de vue acceptable. Aujourd'hui ce n'est plus le cas et, faute de l'accepter, nous nous exposons – et surtout nous exposons nos enfants, qui aujourd'hui n'ont pas voix au chapitre – à une addition qui a toutes les chances d'excéder largement nos moyens et les leurs.

Bien évidemment, faire progressivement avec « moins » de tout ce qui fait notre quotidien n'est pas une attitude spontanée dans le monde du « toujours plus » que nous connaissons. Cela fait maintenant quelques décennies que l'abondance énergétique est devenue un élément du quotidien en Occident, à tel point que tout Français âgé de moins de 40 ans n'a jamais connu autre chose. Si nous remontons plus loin dans le temps, cela fait quelques milliers d'années que « toujours plus » est notre devise. Alors il est difficile d'accepter qu'il faille désormais viser le « nettement moins » !

La voie de la facilité à court terme, c'est assurément de ne pas s'en soucier, et de croire que tout cela finira bien par s'arranger tout seul. Mais sommes-nous sûrs, en choisissant cette voie, que le jugement de nos descendants (il s'agit de nos propres enfants, petits-enfants et de leurs enfants, pas de générations futures indéterminées) sera très tendre ? Sommes-nous au fond si différents des Français de 1936, qui se souciaient de partir en vacances pendant que l'Allemagne nazie réarmait sous leurs yeux ? Avoir une voiture d'une tonne par adulte en âge de conduire, l'avion démocratique, des téléphones portables et CD à profusion, ou encore un logement peu isolé, sera-t-il payé à son juste prix si la conséquence doit en être la dictature, la guerre et la maladie, voire la famine pour nous-mêmes ou nos descendants ?

3

La technique : miracle ou mirage ?

« La fin de l'âge de pierre n'est pas arrivée par manque de pierres ; la fin du pétrole n'arrivera donc pas par manque de pétrole. » Voici un credo très répandu dans les médias – et chez nos élus –, exprimant l'idée que nos scientifiques trouveront, le moment venu, des moyens de poursuivre indéfiniment notre expansion même si le pétrole en particulier, et les énergies fossiles en général, viennent à se raréfier ou à devenir indésirables pour cause de changement climatique.

Un homme = 4 tonnes de pétrole

On fera rouler les voitures à l'hydrogène, voler les avions à l'alcool de canne à sucre, fonctionner les climatisations à l'énergie solaire, on branchera les frigidaires aux éoliennes, on fera tourner les usines au bois, et on coulera l'acier en le regardant droit dans les yeux. Yaka mettre ce qu'il faut comme argent dans la recherche : tout cela n'est qu'un problème de – mauvaise – volonté de quelques personnages clés. Bien sûr, la solution sera exempte de nucléaire, énergie détestable, et sans douleur pour le porte-monnaie du consommateur, qui continuera à payer de moins en moins cher tout ce dont la civilisation industrielle a permis l'avènement. Car tel est le sens de l'histoire : on ne peut pas nous retirer le droit de rouler en voiture, d'habiter dans de grands logements et de mettre dans le caddie tout ce qui nous tombe sous la main. Paradoxalement, la défiance croissante envers les savants et les ingénieurs – maudits OGM, nucléaire et constructeurs de voitures, qui nous mettent dans le pétrin – va de pair avec une confiance illimitée dans *les mêmes individus* pour trouver des moyens de nous tirer d'affaire dans le cas présent. Le problème est que, lorsque la question est posée aux scientifiques et ingénieurs spécialistes de l'énergie, aucun n'est capable de « dessiner le mouton » tant attendu. Aucun n'a les plans d'un monde qui poursuivra son expansion lorsque les combustibles fossiles viendront à se raréfier, avec une consommation d'énergie par personne au moins équivalente à celle d'un Occidental d'aujourd'hui.

En fait, le miracle énergétique serait parfaitement possible avec 50 millions d'hommes sur Terre. Mais avec six milliards d'individus souhaitant consommer chacun l'équivalent d'une tonne et demie de pétrole par an, personne n'a la solution. Nous ne rappellerons jamais assez que le problème vient des ordres de grandeur en jeu, et non du caractère intrinsèquement diabolique de telle ou telle source d'énergie. Si nous estimons que l'ensemble de l'humanité a « droit » au standard d'un Français au SMIC de l'an 2000, qui consomme l'équivalent de 4 tonnes de pétrole par an, et que cette humanité doit passer à 9 milliards d'individus, les plans existent encore moins. Cela supposerait en effet une multiplication par presque 3 de l'énergie consommée sur Terre, et même avec les combustibles fossiles et le nucléaire, c'est impossible ; le système implosera avant. Demandez à un cadre dirigeant du monde pétrolier dans combien de temps les 2 milliards d'Indiens et de Chinois vivront comme un Français actuel. Avant toute réponse, vous obtiendrez un grand éclat de rire. Le drame de la société moderne, c'est que le mode de vie « non durable » n'est pas seulement celui de M. Dassault ou de la reine d'Angleterre – avec des consommations très au-dessus de la moyenne, bien sûr –, mais bien celui de M. ou Mme « Tout le monde ». En France, les ouvriers d'usine, employés de banque ou de mairie, agriculteurs, moniteurs de ski, instituteurs, agents de police, étudiants et retraités ont tous et toutes des niveaux de consommation d'énergie très au-dessus de ce que la planète peut durablement supporter. S'il suffisait de pendre le dernier gros rentier avec les tripes de la dernière star multimilliardaire (car les idoles consomment au-dessus de la moyenne, donc polluent aussi au-dessus de la moyenne) pour supprimer le gaspillage, le problème serait finalement assez simple à résoudre : une bonne petite révolution, et hop, finis les ennuis ! Malheureusement, c'est aussi la consommation de ceux que nous avons l'habitude d'appeler « modestes » qui pose problème, et c'est cette consommation qui représente un gaspillage au regard des possibilités de la planète. Avec de tels propos, il est évident que notre cote d'amour ne menacera pas demain matin celle de l'abbé Pierre, mais que faire contre la dure réalité des chiffres ?

L'autre, ce gaspilleur

Bien évidemment, la première réaction face à ce constat est un refus de regarder la réalité en face, d'admettre que nous sommes engagés dans une impasse, et que la responsabilité en est collective. Nous avons tous tendance à minimiser notre part dans cette évolution, avec cette définition du gaspillage quasiment universelle : « gaspille celui qui consomme plus que moi ». Pour l'Africain, l'étudiant occidental roulant en Twingo gaspille, quand pour ce dernier le gaspilleur est un possesseur de 4×4, lequel considérera qu'il ne gaspille pas comparé à un Américain (ou à celui qui laisse la lumière allumée, chose que lui ne fait pas). Dans le même esprit, tout le monde considère qu'il ne peut pas faire autrement, et que c'est aux autres de commencer à faire des efforts. Inutile d'être grand clerc pour comprendre qu'avec ce genre d'attitude la solution volontaire peut prendre un certain temps. Vient alors la série des « moi je veux bien changer, mais… » : mais je veux que les industriels me fassent une voiture propre, que les pouvoirs publics me fassent des transports en commun, que l'État subventionne mes panneaux solaires, que les grandes surfaces – où j'irai en vélo, bien sûr – me proposent des produits « propres » au même prix que les « sales », etc. En clair, je veux bien changer… si je n'ai rien à changer.

Plus généralement, il est confortable de croire que les problèmes à venir sont le fruit de Dieu sait quels complot ou mauvaise volonté politique ou industrielle, plutôt que d'accepter les limitations de la physique : ah, qu'il est doux d'avoir un coupable évident à pendre, plutôt que de s'attaquer à un problème diffus dont nous sommes tous responsables ! La route sera donc longue (mais avons-nous le temps ?) qui mènera à l'acceptation par chacun de sa responsabilité de consommateur. Les discours les plus fréquemment relayés sont que le problème trouverait une solution si seulement « on » voulait bien arrêter de mettre de l'argent dans le nucléaire pour le mettre dans les renouvelables (affirmation d'autant plus surprenante que le nucléaire ne consomme pas de combustibles fossiles et ne crée pas de changement climatique), si les industriels voulaient bien arrêter de polluer, si les constructeurs automobiles voulaient se dépêcher de nous donner la voiture « propre », si les tueurs aux ordres des compagnies pétrolières arrêtaient de mettre des bâtons dans les roues à tous les inventeurs géniaux qui pourraient trouver un moyen de remplacer les hydrocarbures par du jus de chaussettes ou une décoction d'herbes sauvages ! Nous pouvons ainsi reporter la responsabilité de l'évolution en cours sur autrui, responsable politique incapable, ingénieur incompétent ou flemmard, gaspilleur coupable, et toute combinaison de ce qui précède. Mais le compte à rebours planétaire ne va pas s'interrompre parce que nous nous trompons de coupable : avec notre niveau de consommation, nous sommes *tous* des éléments du problème. Et, malgré toute la bonne volonté des ingénieurs, ce ne sont pas les énergies renouvelables qui nous tireront d'affaire.

Les renouvelables : comment confondre 1 et 100

La première énergie renouvelable dans le monde, aujourd'hui, et de très loin, est le bois, qui représente environ 10 % de la consommation mondiale d'énergie primaire. Dès à présent, pourtant, cette énergie n'est déjà plus totalement renouvelable, puisque la recherche de bois de feu est l'une des causes de régression de la forêt africaine, en particulier aux alentours des villes. Multiplier la contribution mondiale du bois par 3 ou 4 supposerait d'accélérer fortement la déforestation, et/ou de reboiser une large partie des surfaces actuellement utilisées pour se nourrir (ou plus marginalement pour se loger et se déplacer). Mais si nous voulons conserver la même production agricole tout en diminuant les champs et les prairies, nous aurons du mal à éviter une agriculture de plus en plus intensive, c'est-à-dire gourmande en pétrole, et génératrice d'autres nuisances. Il y a toutes les chances que le citoyen voulant des renouvelables ne souhaite pas, par ailleurs, ce type d'agriculture. Incidemment, alimentation et énergie ont maintes similitudes : impossible de résoudre le problème en laissant de côté la responsabilité du consommateur.

En un siècle, la consommation de viande par Français a triplé, essentiellement grâce à l'apparition des engrais et des tracteurs. L'essentiel du surplus de production végétale issue de l'agriculture intensifiée n'a donc pas été affecté à une consommation humaine directe, mais à nourrir plus d'animaux que nous mangeons ensuite. Tout le maïs, une large partie du blé et des autres céréales, et bien sûr toute l'herbe – souvent fertilisée, elle aussi ! – finissent leur existence dans la panse des vaches, l'estomac des porcs ou le gésier des volatiles, et non directement dans notre ventre. Passer d'un régime très fortement végétal à un régime très fortement animal induit un besoin en productions végétales multiplié par 2 à 10, et donc, à surface cultivée constante, une intensification d'autant de l'agriculture. Imaginer aujourd'hui une agriculture fortement « adoucie » sans que le consommateur diminue de beaucoup la quantité de produits animaux qu'il consomme chaque année est tout aussi absurde que d'imaginer notre société de consommation ne fonctionnant qu'avec des énergies renouvelables.

Fin de la digression alimentaire. Le bois, donc, ne peut voir sa contribution augmentée de beaucoup pour résoudre le problème de l'énergie dans le monde, même si cette affirmation peut être localement inexacte, notamment dans certains pays des moyennes latitudes, comme la France, où nous pourrions assurément en tirer un peu plus. Les champs de colza, censés remplacer le pétrole dans l'esprit de nombre d'entre nous, y arriveront encore moins. Pour faire une tonne de biocarburants, remplaçant donc une tonne de pétrole, il faut disposer d'environ un hectare de terre agricole, quelle que soit la filière utilisée. L'éthanol, qui permet en apparence la production de 3 ou 4 tonnes de carburant à l'hectare, n'est en fait pas une si bonne affaire. Une fois déduite l'énergie nécessaire pour fabriquer les engrais, faire avancer le tracteur, récolter, broyer et transporter le produit de la culture, et surtout distiller l'espèce de vin obtenu à partir du jus de betterave, il reste aussi de l'ordre d'une tonne de carburant à l'hectare. En France, nos transports consomment actuellement 50 millions de tonnes de pétrole par an (dont plus de la moitié pour les voitures particulières). Remplacer tout le pétrole importé en France – nous produisons moins de 1 % du pétrole que nous consommons – par des biocarburants supposerait de planter du colza ou des betteraves sur 50 millions d'hectares. Or, la surface de la France métropolitaine est de 55 millions d'hectares ! Où allons-nous trouver les hectares nécessaires au monde merveilleux dans lequel les voitures avancent à l'huile de colza ou de tournesol, même après qu'elle a servi à faire des frites ? Où allons-nous les trouver, quand la propreté souhaitée par ailleurs pour l'agriculture requiert plutôt de faire baisser les rendements, et donc d'augmenter les surfaces consacrées aux cultures alimentaires ? Où allons-nous les trouver dans le monde, quand l'expansion démographique encore en cours nécessite de disposer de davantage de surfaces à vocation agricole ? Si nous parvenons – en France – à remplacer 10 % des carburants que nous consommons par des biocarburants, ce sera le bout du monde.

Encore n'avons-nous pas parlé des 45 millions de tonnes de pétrole que nous consommons en plus pour chauffer les bâtiments (environ 15 millions de tonnes par an) et faire tourner l'industrie (25 à 30 millions de tonnes par an, dont 15 servent de matière première pour une foultitude de produits : plastiques, détergents et toute la chimie organique...). « Assassinons » pour de bon les biocarburants comme solution miracle : en 2000, leur production mondiale a représenté l'équivalent de 10 millions de tonnes de pétrole, soit 0,3 % des 3 500 millions de tonnes de vrai pétrole englouties la même année. Et cette situation ne serait due qu'aux politiques incompétents dans l'ensemble des pays du monde, et aux industriels comploteurs dans l'ensemble des pays du monde ? Bien évidemment non. Même la filière qui a le meilleur rendement pour faire des carburants d'origine végétale, à savoir la gazéification du bois obtenu avec des taillis à pousse rapide, ne nous permettra jamais de faire avancer une tonne de métal (une voiture) pour 1 à 2 milliards de bipèdes. En revanche, les biocarburants pourraient faire avancer les tracteurs des agriculteurs, ce qui ne serait déjà pas si mal.

Qu'en est-il alors de l'hydroélectricité, deuxième source renouvelable dans le monde, avec environ 5 % de notre approvisionnement énergétique ? Pauvre hydroélectricité, volontiers reléguée dans l'ombre par les médias qui préfèrent parler d'éolien, lequel fournit pourtant 50 fois moins d'électricité que les chutes d'eau ! Même s'il existe déjà plus de 36 000 barrages sur la planète, il reste un nombre significatif de sites éligibles : les estimations disponibles mentionnent une possible multiplication par 2 à 10 des kilowattheures produits par l'eau. La marge de manœuvre semble donc réelle, mais le prix à payer pour l'environnement n'est pas toujours mince. Tout le monde a en tête l'exemple du barrage des Trois-Gorges, en Chine, doté d'un lac de retenue de plus de 1 000 kilomètres de long, qui a engendré le déplacement d'un million de personnes, a annihilé toute vie non aquatique à l'emplacement du lac de retenue, et va très certainement perturber l'écosystème du fleuve. Ce genre d'énergie renouvelable est-il vraiment « doux » pour l'environnement ? En outre, l'Europe est nettement moins bien lotie que la planète dans son ensemble : à peu près tous les sites exploitables des Alpes et des Pyrénées sont déjà occupés. Où trouver en Europe les emplacements permettant de remplacer les centrales électriques à charbon et à gaz, qui fournissent aujourd'hui 50 % de l'électricité communautaire, par des barrages ?

Pour les éoliennes, la messe est dite dès que l'on sait qu'il faut plusieurs milliers des plus grandes de ces machines pour remplacer un seul réacteur nucléaire, ou une seule centrale à charbon. Un petit calcul de coin de table montre qu'en France, si nous n'avions que ces moulins à vent des temps modernes, il en faudrait plusieurs centaines de milliers pour fournir notre électricité. Nous pouvons donc construire quelques éoliennes si ça nous amuse, mais cela ne changera que très marginalement la manière dont se présente le problème énergétique pour l'avenir, surtout si la consommation globale d'énergie reste croissante.

La troisième renouvelable, dans la hiérarchie des productions actuelles, est la géothermie, utilisant la chaleur naturelle du sous-sol. Mais elle représente... 0,5 % du total mondial, précédant l'utilisation des déchets (0,2 % du total mondial), les biocarburants (0,1 %), et enfin le solaire (0,05 %). Même si certaines énergies renouvelables sont très prometteuses dans un avenir lointain, elles ne nous seront que d'un maigre secours pour remplacer une fraction significative des combustibles fossiles dans les décennies qui viennent. Or, c'est d'ici à 50 ans qu'il faut avoir trouvé l'essentiel de la solution aux problèmes évoqués plus haut. Rappelons enfin que si elles coûtent si cher, ce n'est pas seulement parce que personne ne fait d'efforts en leur faveur, mais parce que cela reflète aussi des contraintes physiques parfois fortes sur leur production !

En étant très optimistes, nous pouvons envisager une contribution des renouvelables doublée ou triplée au niveau mondial dans les décennies qui viennent. Entendons-nous bien : cela signifie que l'énergie en provenance de sources renouvelables double ou triple en valeur absolue : il en sortira 2 ou 3 fois plus de tonnes équivalent pétrole. Mais si dans le même temps la consommation d'énergie fossile – en valeur absolue – reste la même, nous aurions à la fois une proportion d'énergies renouvelables en augmentation, et... des problèmes identiques pour l'avenir. En effet, ce qui fait souci, ce n'est pas la faible proportion d'énergies renouvelables dans l'ensemble de l'énergie consommée, c'est, en valeur absolue, la consommation d'énergies fossiles. Nous sommes bien mieux partis dans un monde qui consomme 2 de fossile et 0 de renouvelables que dans un monde qui consomme 100 de fossile et 30 de renouvelables. Les énergies renouvelables ne représentent une voie vers la solution que si elles se substituent aux énergies fossiles à consommation constante, et non si elles s'y ajoutent en même temps que les fossiles croissent aussi. Or, pour le moment, la consommation d'énergie renouvelable croît, mais cela n'empêche pas la consommation d'énergie non renouvelable de croître aussi ! Il ne faut donc pas perdre de vue que le but ultime n'est pas d'augmenter la production renouvelable, mais de baisser la consommation de ressources non renouvelables. Si nous voulons stabiliser la perturbation climatique, par exemple, avant que ce ne soit cette perturbation qui se charge de nous déstabiliser, nous devons diviser les émissions de CO_2 de l'humanité – donc sa consommation de combustibles fossiles – par deux. Tant que nous n'y sommes pas, la perturbation climatique continue d'augmenter, et donc la certitude des ennuis futurs. Penser que les énergies renouvelables vont parvenir simultanément à remplacer 50 % de notre consommation actuelle *et* permettre la poursuite de la croissance de la consommation mondiale est une illusion. Alors, le nucléaire ?

Nucléaire et hydrogène : comment confondre court terme et long terme

Avant d'entamer ce chapitre toujours délicat, autant ne pas se cacher derrière son petit doigt : nous n'avons aucune aversion *a priori* pour cette forme d'énergie. En France, grâce à notre nucléaire, nous allons très certainement moins souffrir dans les 20 ou 30 années qui viennent, sur le plan économique, que les pays qui ont pris les options charbon et gaz. La hausse des températures estivales, autre évolution des décennies à venir, et qui peut représenter un problème pour les centrales nucléaires en bord de rivière, le serait tout autant avec des centrales à charbon situées au même endroit.

Le nucléaire représente aujourd'hui 5 % environ de l'énergie primaire consommée par les hommes. Faire passer cela à 75 % en 50 ans, si dans le même temps la consommation globale de l'humanité double (atteignant l'équivalent de 20 milliards de tonnes de pétrole par an) afin de tenir compte des aspirations prêtées aux Brésiliens, Mexicains, Chinois et Indiens, supposerait de construire environ 8 000 réacteurs nucléaires dans ce même laps de temps (essentiellement des surgénérateurs, pour ne pas buter sur les disponibilités limitées en uranium 235), avec une croissance annuelle de 5 % de la production nucléaire. Ce n'est pas complètement impossible au plan technique, mais comme l'essentiel de l'humanité – et assurément celle qui consomme le plus – vit en démocratie, où pas grand-chose ne se fait sans avoir un soutien de la majorité de la population, cela suppose que l'opinion mondiale se mette à voir dans cette forme de production une planche de salut, et s'y mette avec une résolution sans faille quelques dizaines d'années avant les ennuis (car on ne construit pas un réacteur nucléaire aussi vite qu'une machine à café). Il faut aussi que cette opinion mondiale ne change pas d'avis ensuite, même en cas d'accident important ou de contre-choc gazier pendant quelques années. Notons enfin qu'une telle extension des parcs nécessiterait des capitaux importants, plus difficiles à mobiliser quand les producteurs d'électricité sont des sociétés de droit privé avec des contraintes fortes de rentabilité à très court terme.

Au plan technique, une option nucléaire massive suppose surtout de convertir à l'électricité une grande partie des applications actuellement assurées par les combustibles fossiles. Produire dans les centrales électriques de la chaleur qui serait utilisée par des industries construites à proximité, c'est facile au moins en théorie, mais pour les carburants routiers, ce sera plus dur ! Là encore, ce n'est pas totalement impossible : on peut produire de l'hydrogène à partir de centrales nucléaires, hydrogène qui pourra ensuite être transformé en carburants de synthèse, avec du carbone issu de la biomasse (puisque le but du jeu est de faire sans fossiles). Mais si le nucléaire permet, toujours en théorie, de disposer d'un approvisionnement énergétique important sans émissions de CO_2, cette manière de faire ne garantit pas des carburants liquides en même quantité que le pétrole. En effet, il faut trouver le carbone complémentaire pour faire des hydrocarbures, en utilisant donc la biomasse disponible pour les besoins énergétiques alors qu'elle sera mobilisée en priorité pour la nourriture. Cela ne permettra probablement pas davantage de disposer de ces carburants au même prix qu'aujourd'hui, le pétrole restant encore trop peu cher, à 60 ou 80 dollars le baril, pour rentabiliser ces solutions. Rappelons au passage que l'hydrogène n'est pas une source d'énergie, puisqu'il ne se trouve pas tel quel dans la nature, comme le pétrole ou le charbon, mais qu'il doit être produit – avec une forte consommation d'énergie – à partir d'eau par exemple.

Si nous tentons d'utiliser l'hydrogène tel quel, c'est-à-dire gazeux, dans une pile à combustible (produisant, comme son nom l'indique, de l'électricité), il faut le transporter de son lieu de fabrication à son lieu de production, ce qui est tout sauf simple, non parce que c'est dangereux (l'hydrogène est beaucoup moins explosif que le gaz naturel), mais parce que c'est un gaz très peu dense. Il faut donc dépenser beaucoup d'énergie pour déplacer et stocker ce gaz, comparé à ce que son utilisation restituera : le rendement de cette opération est 3 fois plus mauvais que pour du gaz, et 6 à 10 fois plus mauvais que pour des carburants liquides. Avec les technologies actuellement utilisées, un réservoir d'essence pèse 2 % du carburant qu'il transporte, alors que pour l'hydrogène c'est l'inverse : le poids du gaz représente 2 % du poids du réservoir ! En outre, l'hydrogène fuit très facilement, car il est constitué de la plus petite molécule de la nature, laquelle passe dans des tout petits trous – notamment les microfissures des tuyaux – avec une aisance déconcertante. Tant que la production mondiale d'hydrogène reste faible, ces fuites ne sont pas gênantes, mais avec une production massive de ce gaz elles pourraient engendrer l'apparition de quantités non négligeables de vapeur d'eau dans la stratosphère et donc... renforcer l'effet de serre. Enfin, les piles à combustible nécessitent aujourd'hui du platine pour leur fabrication : quelques dizaines de grammes pour un moteur de voiture. Bien sûr, il y aura probablement d'autres métaux qui feront l'affaire « un jour », mais pour le moment nous les ignorons ! Un seul pays produit actuellement plus de 75 % du platine mondial : l'Afrique du Sud. Compte tenu du rythme de la production actuelle de ce métal, et même en intégrant le progrès technologique, il faudrait plus d'un siècle pour équiper de piles à combustible le petit milliard de véhicules que compte désormais la planète, sans parler de ceux qui devront être fabriqués si Chinois, Indiens, Mexicains et Indonésiens considèrent qu'ils ont tout autant le droit que nous de rouler en voiture, ce que l'on ne saurait leur refuser tant que nous ne faisons pas l'effort d'avoir un peu moins de ces engins à roulettes. Nous pouvons toujours rêver en lisant les journaux, la voiture propre – ou pas trop sale – n'est malheureusement pas pour demain. Ici encore, c'est la dose qui fait le poison : avec un million de voitures sur Terre, le diesel ou l'essence seraient on ne peut plus propres. Avec un ou deux milliards de voitures, la propreté reste une notion relative, quelle que soit la solution retenue: biocarburant (il faut transformer la moitié des forêts de la planète en un immense champ de colza), hydrogène ou électricité (il faut construire entre 1 000 et 2 000 réacteurs nucléaires – il y en a moins de 500 aujourd'hui), ou éoliennes de grande puissance (2 à 4 millions à planter !).

Penser que la « civilisation de l'hydrogène » va nous sauver n'a donc pas plus de sens que de penser que « la civilisation de l'électricité » nous a rendus propres. Ce satané hydrogène, tout dépend combien nous en consommerions et avec quoi nous le ferions, car ce gaz ne sortira pas plus de la pompe que l'électricité ne sort du mur. La civilisation de l'hydrogène, avec de l'hydrogène produit à partir de gaz naturel (modalité prépondérante dans la production actuelle), ou de charbon (procédé qui occupe une place centrale dans les programmes de recherche aux États-Unis), ne sera pas plus propre, et ne durera pas plus longtemps, que la civilisation du gaz et du charbon.

Si cette molécule merveilleuse est obtenue avec du nucléaire, la vitesse de déploiement de centrales que cela suppose semble hors de portée dans le monde actuel.

Plus de technique, c'est moins d'économies ?

Si la voie semble bouchée du côté des énergies de substitution, la technique n'a pas dit son dernier mot pour autant. Elle nous permet aussi d'imaginer des objets économes ou des nouveautés technologiques, dont nous attendons le salut avec la même ferveur que les enfants attendent le Père Noël. Même sans pétrole, inutile de se priver de quoi que ce soit : « on » va nous faire des voitures propres, des ampoules propres, des lave-vaisselle propres, des chaudières propres, des usines propres, des avions propres et des produits avec des emballages recyclables, et le problème sera réglé sans que nous nous levions de notre fauteuil. Les seules choses qui resteront sales dans ce monde merveilleux seront les pratiques obscures de quelques politiciens, de sorte que l'on pourra encore, de temps à autre, lire avec délectation leurs turpitudes dans le journal.

Hélas, trois fois hélas, lorsque l'on regarde l'histoire énergétique des dernières décennies, la règle est que les améliorations de la consommation d'énergie des appareils pris un par un n'ont jamais engendré la moindre baisse de la consommation globale. Il est indéniable que, depuis que nous consommons de l'énergie, le progrès a toujours été dans le sens des économies pour un objet pris isolément. Par exemple, si nous comparons une voiture fabriquée aujourd'hui avec une voiture de même masse et de même puissance fabriquée il y a 30 ans, celle d'aujourd'hui consommera moins, voire beaucoup moins, d'essence ou de diesel pour parcourir une même distance. Mais cela n'a pas empêché la consommation mondiale de pétrole – dont plus de la moitié va dans les transports – d'augmenter de 50 % en 30 ans, et celle de carburants routiers en France de doubler. Pourquoi ? Parce que le déterminant principal de la consommation globale d'énergie, ce n'est pas les performances des objets qui en consomment, mais le prix ramené au pouvoir d'achat. Si le prix de l'énergie baisse en termes réels, alors le progrès technique ne sert pas à nous faire faire une économie globale, mais à augmenter les usages : nous n'allons pas acheter la même voiture qui consomme moins, mais une plus grosse voiture qui ne nous coûtera pas plus cher, et l'équivalent de notre ancienne « petite » voiture sera acheté par des personnes qui auparavant n'avaient pas les moyens de rouler en voiture. Les voitures vendues aujourd'hui sont – en moyenne – 2 à 3 fois plus puissantes que celles vendues il y a 30 ans, et 2 à 3 fois plus lourdes. Cette évolution ne concerne pas que les 4×4, mais bien la voiture de « M. Tout le monde » : la fameuse 2CV avait un moteur d'une puissance de 15 à 18 CV, alors que la moindre Twingo d'aujourd'hui possède un moteur de 60 CV au minimum. Il y a bien eu des « économies » de notre point de vue de consommateur achetant un véhicule de mêmes performances, mais les voitures d'aujourd'hui ne sont les mêmes ni en masse, ni en puissance, et nous en conduisons non pas autant, mais bien plus.

Le « progrès technique » chez les constructeurs est donc permanent, mais depuis 1980 il n'a en rien servi à nous faire faire des économies globales. Et ce qui explique cette évolution, c'est que le prix de l'essence n'a cessé de baisser depuis cette date. Vous avez bien lu ! Car ce qui compte, pour nos comportements de consommateurs, ce n'est pas le prix exprimé en monnaie courante ; celui-là ne fait effectivement que monter, à cause de l'inflation. Ce qui compte, c'est le prix rapporté au pouvoir d'achat, c'est-à-dire le temps qu'il faut travailler pour pouvoir se payer quelque chose. Et le carburant automobile, à cette aune, a vu son prix divisé par 3 entre 1979 et 2004 : en 1979, il fallait une demi-heure de SMIC pour pouvoir acheter un litre d'essence. En 2005, toujours en étant payé au SMIC, il ne faut plus fournir que 10 minutes d'huile de coude pour pouvoir acheter le même litre d'hydrocarbures. En conséquence de quoi le nombre de voitures a doublé, ainsi que la consommation globale du parc français, chaque voiture ne consommant pas moins. Dire sans autre forme de procès que « la technique » pousse obligatoirement dans le bon sens semble donc discutable ! Car où est l'économie quand la consommation globale est multipliée par deux, et les émissions de CO_2 aussi ? La planète se fiche bien des émissions par voiture ou par kilomètre : c'est le total de ce que nous rejetons dans l'atmosphère qui est l'élément pertinent pour spéculer sur l'avenir, et que cela ait été produit par 1 000 voitures très gourmandes ou 400 000 très économes est parfaitement indifférent au système Terre.

Dans le même ordre d'idées, les logements construits aujourd'hui sont « plus économes » que ceux d'il y a 30 ans. Mais ils sont aussi plus grands : la surface habitable par Français est passée de 25 à 35 mètres carrés entre 1975 et 2000 et, en tenant compte de l'augmentation de la population pendant cet intervalle de temps, la surface totale de logements a presque doublé. De ce fait, malgré une consommation de chauffage au mètre carré divisée par deux, la consommation globale d'énergie de chauffage en France n'a pas baissé : la meilleure isolation des logements n'a pas été affectée à une baisse de la consommation, mais à une augmentation des surfaces chauffées. Et cette règle est valable sur terre comme au ciel ! En effet, il faut dépenser moins de kérosène qu'avant pour faire voler un avion de 300 places, mais il en vole considérablement plus, car le prix du billet est devenu de plus en plus accessible. A budget vacances équivalent, nous pouvons prendre plus souvent l'avion, qui est l'appareil le plus efficace pour consommer de grandes quantités de pétrole en peu de temps. Un aller-retour Paris-New York nécessite environ 500 litres de kérosène par passager en seconde (le double en classe affaires, le triple en première) : à peu près la moitié de la consommation annuelle d'une petite voiture brûlée en quelques heures ! Un dernier exemple, particulièrement frappant : l'électricité dans les bâtiments. L'un des appareils électriques les plus communs est le réfrigérateur. Si nous voyons les choses de notre point de vue de consommateur achetant un frigo de 150 litres, nous allons penser que les économies sont réelles : un frigo de 150 litres de l'an 2000 est bien sûr considérablement plus économe – il consommera beaucoup moins d'électricité sur l'année – que son équivalent de 1970. Mais, depuis cette époque, nous avons troqué notre vieux frigo de 150 litres pas économe contre un frigo de 350 litres très économe, auquel nous avons adjoint un congélateur assurément économe (près de la moitié des ménages français en possèdent un, contre quasiment 0 % en 1973). Le salon s'est enrichi d'un ordinateur (40 % des ménages en 2000 contre 0 % en 1973), qui est, faut-il le préciser, un champion d'économies, et la buanderie d'un sèche-linge (30 % des ménages en 2000 contre 0 % en 1973), garanti fortement économe. Notre cuisine a aussi vu arriver un micro-ondes (70 % des ménages en 2000 contre 0 % il y a 30 ans), furieusement économe, un lave-vaisselle (40 % des ménages en 2000, contre 5 % en 1973) bardé de A et d'étoiles, sans parler des grille-pain, robots mixeurs et autres cafetières dernier cri qui ont tous et toutes leur place sur le podium des économies. Au bureau, c'est pareil : la machine à écrire – pas économe du tout, quelle honte – a été remplacée par un ordinateur économe, une photocopieuse économe, un vidéoprojecteur économe, et des fax, ascenseurs, lumières tamisées, climatisations, téléphones économes en diable.

Si nous faisons la somme de toutes ces merveilles d'économies, nous allons trouver que la consommation électrique des logements et des bureaux (chauffage électrique exclu) a été multipliée par plus de 4 en 30 ans ! Mêmes causes, mêmes effets : comme l'électricité, rapportée au pouvoir d'achat, coûte de moins en moins cher, nous n'avons en rien affecté le progrès par appareil à des économies globales d'électricité, mais à une augmentation du nombre d'appareils, de leur variété, et des usages à facture constante ou en baisse. Où est l'économie dans cette affaire ?

Les exemples ci-dessus ont en fait une valeur universelle. Un même objet de mêmes performances consomme toujours de moins en moins d'énergie au fil du temps, mais cela n'a jamais engendré la moindre baisse de la consommation globale de l'humanité. Il y a une raison très simple à cela : depuis que nous consommons de l'énergie, le prix de cette dernière, en proportion du pouvoir d'achat, n'a fait que baisser (cela dure depuis 120 ans !), à l'exception de quelques hausses transitoires, elles-mêmes très illustratives de notre propos. En effet, chaque fois que le prix de l'énergie a significativement augmenté (rapporté au pouvoir d'achat), comme en 1974 et 1979, la consommation d'énergie de l'humanité a immédiatement baissé.

Le salut tient donc à tout autre chose qu'à la seule technique : si nous voulons économiser volontairement l'énergie, nous devons désirer une hausse de son prix en termes réels. Nous devons accepter de travailler de plus en plus longtemps – c'est une autre manière de dire que cela doit coûter de plus en plus cher – pour nous offrir un litre d'essence ou un mètre cube de gaz. C'est à ce prix que les progrès techniques seront affectés à une baisse de la consommation globale et non à une hausse de cette dernière.

La technique non, l'organisation oui !

Dans le registre des bonnes idées qui seraient insuffisamment exploitées, il existe une autre catégorie, intermédiaire entre la technique et la politique : les « bonnes actions techniques » de la puissance publique. Un archétype en est la mise en place de transports en commun et d'un réseau ferré « digne de ce nom ». Qui n'a jamais dit, ou entendu dire : « je laisserai ma voiture au garage quand j'aurai de bons transports en commun » ? Ou : « la solution, c'est le remplacement des camions par le chemin de fer, et qu'attendent donc les pouvoirs publics pour mettre enfin les camions sur des trains » ? Mais regardons autour de nous : y a-t-il tant de pays que cela où les camions montent tous sur les trains, et où les bus et le RER remplacent les voitures ? A l'évidence, non, et il peut y avoir deux raisons à cet état de fait : ou bien les élus sont universellement stupides, ou bien… il faut chercher une autre raison que leur mauvaise volonté. Et, malheureusement, c'est bien ailleurs que dans leur mauvaise volonté ou leur stupidité universelle qu'est la réponse.

Commençons donc par examiner le cas des camions. Aujourd'hui, quand un colis ou un chargement monte dans un camion en France, il en redescend après avoir parcouru moins de 100 kilomètres en moyenne, 95 pour être précis ; ces données sont voisines pour toute l'Europe. Comment faire basculer sur le train un flux de marchandises qui pour l'essentiel parcourt un ou deux départements, tout en conservant des coûts voisins ? En construisant une gare devant chaque exploitation agricole, chaque hypermarché, chaque usine, chaque port de pêche, chaque restaurant, etc. ? Bien évidemment, cela n'est pas possible. Par ailleurs, le flux de marchandises en camion est de l'ordre de 7 fois ce qu'il est en train. Multiplier le nombre de trains par 7 ou plus, les infrastructures par 5 à 10, et mettre 20 fois plus de gares, voilà à peu de chose près le programme de celui ou celle qui voudrait vraiment faire basculer le transport routier vers le rail à flux constant de marchandises. Impensable en quelques décennies, et même impensable tout court. Mais quand même ! On pourrait au moins basculer le transport longue distance sur les trains, celui des camions qui envahissent les autoroutes et font des bouchons lors des départs en vacances. Un tel souhait est déjà plus raisonnable, mais voyez comme la réalité est perverse : ces dernières décennies, le fret ferroviaire a augmenté, si nous prenons les chiffres en valeur absolue. Est-ce que cela a empêché le fret routier d'augmenter encore plus vite ? Non ! Penser que plus de trains fera baisser les camions « toutes choses égales par ailleurs » est donc espérer l'inverse de ce qui se constate aujourd'hui. Nous retrouvons ici la règle énoncée plus haut : faute de la bonne évolution sur le prix de l'énergie fossile, il n'est pas du tout certain que plus de trains signifie moins de camions. Quant à la multiplication récente des échanges électroniques, elle n'a en rien fait baisser le flux de marchandises physiques. Les deux ont augmenté de concert depuis qu'Internet existe. D'ailleurs, les sites les plus florissants de commerce électronique vendent soit des voyages (en avion), soit des objets vendus aux enchères ou des livres… qui rempliront ensuite les soutes d'avions et de camions utilisés pour la messagerie express.

Et pour les personnes ? Pourquoi n'y a-t-il pas plus de transports en commun, qui nous permettraient de laisser nos voitures au garage ? Hélas, la définition des transports en commun qui sont « suffisants pour devenir bon citoyen » semble incompatible avec les réalités physiques. En effet, que signifient de bons transports en commun, en général ? Sûrement pas un bus qui passe toutes les heures à 800 mètres de son domicile ! Cela s'apparenterait plus à un RER qui nous déposerait à 100 mètres de l'endroit où l'on habite, avec un passage toutes les 10 minutes, et nous dépose tout autant à 100 mètres du lieu de travail, à la même fréquence. Pense-t-on sérieusement que l'on va soudainement construire un arrêt de RER devant chaque lotissement pavillonnaire, chaque tour d'appartements, chaque usine, chaque étable, chaque bureau, chaque école, et chaque magasin où l'on se rend pour travailler ou faire ses courses ? Évidemment non : faire un transport ferré nécessite, pour que cela soit économiquement viable face à la voiture au prix actuel du pétrole, des flux quotidiens qui sont hors de portée avec des arrêts qui desservent uniquement une zone pavillonnaire – ou même une série de telles zones – ou une seule usine ou un seul immeuble de bureaux. Là encore, si l'unique mauvaise volonté politique était en cause, comment expliquer que la situation soit à peu près identique à Paris, Los Angeles, Buenos Aires, Vancouver ou Sydney, ou partout ailleurs dans le monde ?

Dans une zone à habitat dispersé (typiquement, une banlieue), la densité d'habitants ne permet pas d'avoir les flux suffisants pour remplir des moyens lourds. Même en se contentant de bus, un calcul élémentaire montre qu'une desserte satisfaisante est impossible. Une zone pavillonnaire en banlieue, c'est 20 maisons à l'hectare, donc environ 100 habitants à l'hectare. Où allons-nous trouver les quelques milliers de passagers quotidiens nécessaires au fonctionnement d'un réseau « satisfaisant » de bus dans un tel contexte ? Réponse : à peu près nulle part. Les faits sont là, et les faits sont têtus : au prix actuel de l'énergie, les habitants des zones peu denses n'auront jamais de réseau satisfaisant de transports en commun, permettant de se rendre partout toute la journée. Seules les villes à forte densité de population peuvent proposer cela. Et cette conclusion en amène une autre : la mobilité actuelle ne résistera probablement pas à un prix de l'énergie en forte augmentation. Faut-il le regretter ? Si nous estimons que notre bonheur est strictement proportionnel au nombre de kilomètres parcourus, oui, mais en est-il bien ainsi ?

Après ce long plaidoyer, quel est votre verdict sur la technique ? La délibération sera facile : à prix de l'énergie inchangé, voire en baisse, il n'y a aucun salut à attendre des ingénieurs. Non parce qu'ils s'en moquent, mais parce que nous, consommateurs, ne tenons pas nos promesses dans un tel contexte. Seule notre acceptation – résolue ou résignée ! – d'être touchés au portemonnaie fera de nous des consommateurs vertueux.

4

Le politique se cache derrière le citoyen

Il est difficile de dire si cela est volontaire ou non, mais force est de constater que les conséquences du changement climatique les plus fréquemment évoquées dans les médias ne sont pas franchement angoissantes. Le niveau des océans va monter? Mais c'est pour 2050, et si le Bangladesh ou les Maldives se font engloutir, cela ne nous changera pas la vie à Boulogne-Billancourt. Les ouragans sont de plus en plus destructeurs? Cela fera les pieds à ces Américains qui refusent de ratifier Kyoto, et la Floride, ce n'est pas la Normandie. La sécheresse estivale menace? Cela obligera ces pollueurs d'agriculteurs à renoncer enfin à leur maïs assoiffé, et empêchera les Espagnols de nous inonder de primeurs à bas prix. Le paludisme va augmenter en Afrique? Les précédents malheurs de ce continent ne nous ont pas beaucoup émus depuis quelques décennies, et en tout cas pas suffisamment pour que la survie des enfants malades ou affamés chez eux mobilise plus d'argent que les cadeaux de Noël chez nous. Allons, ce changement climatique dont on nous rebat tant les oreilles, il est pour bien plus tard, et ne nous concerne pas directement ; il n'y a pas de quoi fouetter beaucoup de chats avec ce que nous entendons de ses conséquences. Pour le pétrole, l'écart entre les craintes des experts et les conséquences médiatisées est encore plus grand : les uns parlent de dictatures et de guerres possibles, pendant que d'autres affirment qu'il faudra éteindre le moteur aux feux rouges !

Des politiciens aussi nuls que nous

Du fait de ce décalage majeur entre l'information détenue par les experts et celle disponible dans les médias, toute documentation en profondeur sur les sujets évoqués ici débouche souvent, dans un premier temps, sur une certaine forme de panique. Quoi, nous courons peut-être à notre perte, et personne ne fait rien ? Pourquoi les élus sont-ils aussi peu actifs ? Qu'attendent-ils, devant l'horreur qui nous attend, pour développer les renouvelables, donner des bonus fiscaux aux bons citoyens, interdire les 4 × 4, obliger les entreprises à proposer des produits économes, taxer les pollueurs, construire des voies de chemin de fer pour mettre les camions sur des trains, et placer ce problème majeur au centre de leur discours ?

Ce faisant, nous nous fourvoyons. Car nous supposons implicitement, en raisonnant de la sorte, que nos élus sont déjà au courant de tout ce que nous venons d'apprendre. Il nous faut, hélas, démolir cette croyance courante : dans leur ensemble, les élus ont des connaissances sur le changement climatique conformes à ce qui se trouve dans le journal, mais rien de plus. Si nous faisions passer un test de connaissances sur l'énergie et le changement climatique aux 40 ministres, 600 députés et 300 sénateurs de notre pays, sans parler des 36 000 maires et Dieu sait combien de conseillers généraux et régionaux, nous obtiendrions des résultats à peu près semblables à ce que nous aurions en prenant 1 000 Français au hasard dans la rue. Les hommes politiques ne savent ni mieux ni moins bien que le reste de la population combien de millions de tonnes de pétrole sont consommées chaque année par les voitures, quelle part de l'électricité est consommée par les bâtiments en France, ou combien de temps le CO_2 restera dans l'atmosphère une fois que nous l'y avons mis. Pour ce que nous en avons vu, ce constat s'applique probablement à l'ensemble des démocraties : aux États-Unis, en Allemagne, ou en Grande-Bretagne, pour ne citer que des pays où nous disposons de témoignages directs, les responsables politiques ne semblent pas mieux informés que leurs homologues français. Dans tous ces pays, les plus hauts placés ont parfois un conseiller sachant à peu près de quoi il retourne, mais ce n'est qu'un parmi 20 ou 40, et quand un conseiller économique ou un conseiller politique ressasse à longueur de journée que toute contrainte est « mauvaise pour l'économie » (ou pour les bulletins de vote dans deux ans), quel poids accorder à celle ou celui qui dit que le monde est fini, et que les indicateurs économiques classiques ne permettent pas de voir venir les ennuis ?

Cela serait cependant ajouter à l'erreur que de penser que ce tableau est propre au changement climatique ou à l'énergie. La situation est identique pour tout sujet technique : économie, technologies de l'information, biologie… Combien de nos élus connaissent la définition de ce fameux PIB que tout le monde utilise en permanence dans les débats ? Combien savent dire rapidement quels sont les coûts comparés du système de soins en France et aux États-Unis, ou la part des emplois de bureau dans les activités tertiaires ? Combien savent grossièrement comment fonctionne un ordinateur ou une centrale électrique, ce qu'est un kilooctet, et comment on fabrique un OGM, alors que tout élu doit voter sur les technologies de l'information, le nucléaire ou la culture des OGM ? Qui, à l'Assemblée nationale, sait quel est l'état un peu précis des stocks de poisson dans le monde, quelle est la proportion de la surface terrestre disponible pour des cultures, ou combien de carbone à l'hectare stocke une forêt ? En résumé, ce n'est pas parce qu'ils votent les lois que les élus ont une connaissance technique globalement meilleure que le reste de la population sur le monde qui nous entoure. Pour n'importe quel sujet, on pourra trouver chez les élus – comme dans la population générale – quelques individus connaissant très bien – voire remarquablement bien – le dossier, mais pour le reste leurs collègues n'en savent pas plus que le journaliste qu'ils lisent ou écoutent, et peut-être même moins.

Après leur avoir cassé tout ce sucre sur le dos, faut-il en vouloir à nos représentants ? Un peu, mais pas tant que cela. Car si nous pouvons reprocher aux élus de voter sans savoir, ou aux industriels, autre catégorie que nous aimons à vilipender, de produire sans se soucier des conséquences, que faisons-nous d'autre, en tant que simples consommateurs, que de consommer sans savoir ? Et nous le faisons alors que nous sommes bien moins contraints que les élus ou les responsables économiques : personne ne nous force à acheter des vêtements à la mode, une voiture plus grosse, un écran plat, un billet d'avion, des tomates en mars, du bœuf tous les midis, des plats surgelés, et plus généralement tout ce qui nous tombe sous la main, et personne ne nous force à rester ignorants des conséquences sur l'environnement de la production et l'usage de tout cela.

Incidemment, l'examen de « qui sait quoi » réserve une autre surprise : les dirigeants des grandes entreprises sont dans l'ensemble mieux informés sur ce problème que ne le sont les politiques, ou les hauts fonctionnaires d'à peu près tous les ministères, sauf ceux de l'Industrie et de l'Écologie. Le monde économique a certes encore de considérables progrès à faire, mais il est globalement doté d'une envie d'apprendre bien supérieure à celle des milieux politiques, et même du grand public.

Ensuite, nous sommes aussi coupables de n'avoir pas bien lu le contrat avant d'aller voter. En effet, que dit le contrat entre la population et ses représentants en démocratie ? Que les élus sont censés être plus intelligents et mieux informés que la moyenne de la population ? Qu'ils sont censés se documenter suffisamment pour devenir des visionnaires, afin de nous prendre par la main pour aller vers un monde meilleur alors que nous ne le désirons pas, ou pas encore ? Que nenni ! Ils sont seulement censés nous représenter : la démocratie, ce n'est pas nécessairement la voix de la sagesse, c'est celle de la majorité. Employer le terme de « dirigeant » pour un député ou un ministre, c'est faire un mauvais usage du français : quand la première lecture du matin dans tout cabinet ministériel qui se respecte consiste en la revue de presse de la veille, et le sondage de l'avant-veille, ce n'est pas de dirigeants qu'il faut parler, mais bien de représentants. Alors, bien sûr, il y a méprise quand nous considérons ensuite que nos édiles doivent se comporter comme des parents de substitution, devant nous laisser tranquillement jouer à « je consomme plus que toi » tant qu'il n'y a pas de risques, mais devant se tenir prêts à siffler rapidement l'arrêt de jeu si ce dernier devient par trop risqué. Nous voulons des maîtres nageurs sauveteurs, mais qui ne se mêleraient pas trop de nous empêcher de plonger dans la piscine alors que nous savons à peine nager. Certes, les élus sont assurément coupables de laisser croire qu'ils ont plus de marges de manœuvre qu'ils n'en ont vraiment, mais nous sommes aussi coupables d'entretenir une méprise qui nous arrange bien, en préférant croire qu'ils ont la possibilité de défaire instantanément toute situation inconfortable que nous aurons nous-mêmes créée.

Dès lors, quand nous demandons à nos élus tout et son contraire, ou prenons pour argent comptant un discours électoral promettant tout et son contraire, comme la croissance matérielle pour chacun sans les ennuis de la croissance matérielle pour tous, faut-il s'étonner qu'ils ne nous donnent pas satisfaction ? Nous allons voir plus loin que, en matière de changement climatique ou de raréfaction progressive des énergies fossiles, il n'y a pas d'anticipation qui vaille sans augmenter le prix de l'énergie plus vite que le pouvoir d'achat. Et pourtant, que demandons-nous ? Pas d'ennuis pour plus tard, mais pas de hausse du prix de l'essence maintenant ; le droit pour tous à consommer sans limites, mais pas de problème de pénurie ou d'environnement ; des emplois à profusion dans les industries automobiles et aéronautiques, mais pas trop de voitures et d'avions chez les Chinois ; une amélioration des infrastructures routières, mais pas de hausse du trafic routier, etc. En démocratie, nous passons notre temps à supposer que le problème, c'est avant tout les autres. Il est donc inévitable qu'il y ait un malentendu récurrent, et une insatisfaction récurrente, que déjà Tocqueville avait vue venir dès 1840. En démocratie, nous serons perpétuellement insatisfaits de notre sort, et nous aurons une mauvaise opinion de nos élus, avait-il prophétisé. Les sondages récents confirment clairement cette analyse.

L'illusion médiatique

Nous nageons donc en pleine horreur. Non seulement les élus n'en savent pas plus long que leurs électeurs, mais rendre les premiers moins ignorants n'aura qu'un effet marginal si les seconds ne changent pas. Il y a heureusement un bon côté à cette servilité des élus : dès que les électeurs changeront de priorités, les élus le feront aussi. Imaginons que demain matin 2 millions de Français descendent dans la rue en disant « nous avons bien compris que le changement climatique et la dépendance pétrolière compromettent l'espérance de vie et le confort de vie de nos enfants et petits-enfants, nous avons compris que le prix à payer pour l'éviter est une hausse progressive de la fiscalité sur les carburants, le mazout et le gaz naturel, sans oublier le charbon et le kérosène, nous sommes prêts à l'accepter et demandons au pouvoir politique de le faire ». Il ne fait absolument aucun doute dans notre esprit que le gouvernement en place, quel qu'il soit, et quelles que soient ses promesses de campagne préalables, suivra cette demande le lendemain matin ! Mais, avec le niveau d'information actuel de la population, il y a peu de chances pour que cette dernière accepte une hausse de la fiscalité. Un sondage effectué en 2004, par exemple, donnait encore 85 % de nos concitoyens opposés à une hausse volontaire du prix des carburants.

La question cruciale, pour que les élus agissent, n'est donc pas : « que savent-ils ? », mais : « que savent leurs électeurs ? ». Or, ces derniers savent en moyenne, comme leurs représentants élus, ce que l'on trouve dans le journal. Il est assurément possible de s'informer autrement : il existe des livres, des sites Internet, ou la possibilité d'assister à des conférences. Mais chacun de ces moyens de diffuser l'information ne touche que quelques dizaines à quelques centaines de milliers de personnes – donc d'électeurs –, quand la radio ou la télévision en touchent quotidiennement des dizaines de millions : 100 à 1 000 fois plus ! Il n'est donc pas exagéré de conclure que l'essentiel des gens qui votent ne sauront jamais rien de plus que ce qu'ils auront lu dans le journal, entendu à la radio, ou vu à la télévision.

La question devient alors : si nous voulons ne pas aller droit dans le mur dans la joie et la bonne humeur, comment mieux faire circuler l'information dans les médias ? Et du reste, si l'heure est grave, pourquoi ne circule-t-elle pas mieux ? En nous posant cette question, nous faisons – à nouveau ! – une erreur d'appréciation, celle de penser que si le sujet est sérieux la diffusion de l'information s'effectue nécessairement de manière rapide. C'est peut-être vrai pour les amours estivales d'un présentateur connu, ou l'assassinat d'un président, mais dès que la technique entre en scène les choses se passent autrement. Avec un tel présupposé sur la réactivité des médias, il est par ailleurs tentant d'attribuer aux scientifiques une part de responsabilité dans le silence ambiant. Si le journal n'en dit pas plus, c'est tout simplement que les hommes de science ne font pas assez d'efforts pour vulgariser le dossier ou, pire, qu'ils ne sont pas d'accord entre eux. Quelques esprits audacieux vont même jusqu'à supposer qu'ils refusent de parler car, tenus par les lobbies, ils ne peuvent s'exprimer librement.

Tout cela, bien sûr, n'est qu'illusion ! Illusion sur le

désaccord persistant des scientifiques : le changement climatique offre un rare exemple – sinon un exemple unique – où la communauté scientifique concernée, sentant bien qu'elle a affaire à un enjeu de société majeur, a fait l'effort de mettre ses idées en ordre pour dire le plus clairement possible, et au plus grand nombre possible, ce sur quoi elle est déjà d'accord, et ce sur quoi les débats ne sont pas encore terminés. Cet exercice est fait dans le cadre du GIEC (Groupement intergouvernemental sur l'évolution du climat ; l'acronyme anglais est IPCC pour International Panel on Climate Change), une sous-agence conjointe des Nations unies et de l'Organisation météorologique mondiale, qui produit tous les cinq ans un document faisant le point des avancées scientifiques en la matière. On peut certes estimer que leurs conclusions sont produites dans un format encore un peu indigeste pour être directement accessibles au grand public, mais gardons-nous de penser que tout phénomène peu simple à expliquer donne lieu à de la rétention volontaire d'information. Un rapport du GIEC, c'est 800 pages de littérature scientifique en anglais : difficile d'en faire une restitution courte, simple, et juste d'un claquement de doigts ! Il n'y a aucun complot dans cette affaire : quiconque a le temps et l'envie peut se prendre par la main et aller voir par lui-même ce qu'il en est.

Illusion aussi sur l'absence volontaire d'efforts de ceux qui détiennent une information. Un climatologue, un géologue pétrolier, ou encore un spécialiste de l'Office national des forêts ont des patrons qui ne les paient pas avant tout pour répondre à un journaliste. Cela ne les empêche pas, à la mesure de leurs moyens, de contribuer comme ils le peuvent à la circulation des bonnes informations, mais ils n'auront jamais, par la force des choses, une disponibilité totale pour ne faire que cela : sont-ils les premiers coupables pour autant ?

Alors, où est le problème ? Mettons les pieds dans le plat : c'est essentiellement le fonctionnement des médias qui est en cause. Une rédaction de presse ou de télévision est avant tout un énorme centre de tri. Plusieurs centaines – voire milliers – de dépêches d'agence de presse, de communiqués de presse, d'appels, de lettres ou messages de lecteurs ou d'articles de confrères y arrivent quotidiennement. Dans ce flot incessant, il faut choisir les sujets du jour, et ceux dont on ne parlera pas, faute d'espace, de temps, ou pour d'autres raisons moins avouables, car il y en a parfois. La seule existence d'un tri très important – mais inévitable – des informations entrantes conduit nécessairement à fournir une vue partielle des sujets traités, qui peut l'être tellement qu'elle en devient trompeuse. Quand l'information primaire couvre des dizaines de milliers de pages et touche à tout ce qui fait notre quotidien, comme c'est le cas pour le changement climatique et l'énergie, aucun journaliste n'est en mesure de produire quelque chose de fidèle et de cohérent en un quart de page de journal ou deux minutes de télévision. Avec un tel taux de compression, les éléments repris ne représenteront pas grand-chose par rapport à l'information disponible, et ils pourront facilement confondre l'accessoire et l'essentiel, c'est-à-dire mélanger 1 et 1 000. En outre, quand on travaille dans l'urgence, les personnes interviewées ne sont pas nécessairement les plus compétentes, mais celles qui étaient disponibles au moment de la préparation de l'article ou du sujet, voire simplement celles qui ont une bonne tête ! Ce mode de fonctionnement surreprésente les « militants » au sens large, défenseurs d'intérêts bien ciblés, qui sont précisément payés pour être disponibles pour la presse (cela vaut pour les associations de défense de l'environnement comme pour les représentants de l'industrie ou des consommateurs, bien sûr), et sous-représente les experts (chercheurs, ingénieurs), qui peuvent plus difficilement privilégier la presse par rapport à leurs clients, patrons ou collègues. Enfin, ce qui sera publié ou diffusé ne représente généralement qu'une infime partie des propos tenus. Mais comment faire autrement ?

Une autre limite à la transmission de l'information vient du découpage du journal en rubriques (international, politique, société, consommation, etc.) qui se parlent peu. Tout comme chaque ministère d'un gouvernement essaie de traiter des sujets qui le concernent de manière autonome, ce qui peut aboutir à une incohérence de l'action gouvernementale si un sujet concerne plusieurs ministères, chaque rubrique d'un média essaie de traiter l'information de manière autonome, avec des résultats qui ne sont pas plus heureux si le sujet est transverse. Le changement climatique et l'énergie, actuellement, sont généralement cantonnés aux rubriques « environnement », « sciences », et « international » (pour les négociations entre pays), avec parfois une incursion du côté de l'économie (pour le cours du pétrole ou les permis négociables), mais il n'en est pas question dans les articles traitant du viaduc de Millau (qui a pourtant pour objectif d'aider à l'augmentation du trafic routier, dont on viendra se plaindre ensuite), de la construction d'un nouvel aéroport en Bretagne (qui augmentera la consommation de kérosène), de la prouesse technique qu'est l'A380 (qui ne vole pas au jus de citron), de l'implantation d'une usine automobile à Valenciennes, de la « reprise » heureuse (sauf pour l'effet de serre) de l'économie aux États-Unis ou en Thaïlande, de l'accession à la propriété en zone pavillonnaire (qui augmente l'énergie de chauffage et de déplacement quotidien par habitant), de l'implantation d'un hypermarché qui va permettre d'acheter des tas de choses qu'il va bien falloir fabriquer (après quoi on blâmera les industriels qui polluent), etc. Tous ces sujets sont traités par des journalistes des rubriques « transports », « industrie et économie », « actualités régionales », « consommation », sans lien avec leurs collègues de la rubrique « environnement », et sans mise en exergue de la contradiction avec la solution volontaire au problème du changement climatique. Il est tout aussi rarissime de voir le climat ou l'énergie s'inviter dans une recette de cuisine, alors que 25 % des émissions de gaz à effet de serre viennent de l'agriculture, et notamment de la production de viande (mais quel critique gastronomique le sait ?), dans la rubrique « sports » (quel journaliste de télévision parlera des émissions de CO_2 incluses dans le transport aérien à l'occasion des reportages sur les Jeux olympiques ?), ou encore dans la rubrique « politique » (qui s'interroge sur les conséquences de chaque promesse électorale sur les émissions de gaz à effet de serre ou la consommation d'énergie ?), qui sont pourtant toutes concernées au premier chef. Dans un tel contexte, à qui la faute si le lecteur ne dispose pas d'une vue synthétique de la question ? Aux communiqués de presse du constructeur du viaduc de Millau, qui bien évidemment ne s'attarde que sur les aspects positifs de l'ouvrage, au journaliste qui a repris ce communiqué sans prendre de hauteur de vue, au directeur de la rédaction qui n'a pas su ou pas souhaité traiter le sujet sous plusieurs angles, au directeur tout court qui interdit de parler des sujets qui pourraient fâcher les annonceurs, ou au lecteur qui finalement n'a aucune envie de lire des mauvaises nouvelles ?

Il ne faut ensuite pas oublier qu'un média doit, comme toute entreprise, équilibrer ses comptes. Pour y parvenir, il faut à la fois des lecteurs (ou des auditeurs), et des annonceurs. Que les premiers paient ou non, leur nombre détermine au premier ordre le montant de ce qui sera payé par les seconds, qui contribuent souvent de manière déterminante aux recettes, même dans le service public (la pub, c'est 30 à 50 % du budget de France 2 !). Si dire la vérité fait fuir l'audience, qui n'a pas plus envie de savoir ce qu'il en est que l'adolescent qui se met à fumer, peut-on reprocher à un directeur de journal ou de télévision de ne parler que de choses anodines ? (Et de le rappeler crûment, mais on ne peut plus honnêtement, comme Patrick Le Lay l'a fait.) Peut-on reprocher à un journaliste de ne pas ressasser à longueur de pages ou d'antenne qu'il faut « déconsommer » progressivement pour aller vers le salut, quand une part essentielle de son salaire repose sur des incitations à consommer davantage ? Pas plus, mais pas moins qu'on ne peut reprocher à chacun d'entre nous de continuer à travailler pour une entreprise qui augmente le problème climatique (ce qui concerne à peu près n'importe laquelle) parce que nous avons besoin de cet argent pour faire bouillir la marmite familiale... Pour compléter le panorama, il ne faut pas négliger le poids des préjugés et des opinions personnelles du rédacteur de l'article, de son chef, de ses amis ou de ses collègues de bureau, qui peuvent engendrer des prises de position affectives pourtant présentées comme « objectives ».

Autant dire qu'un traitement large et réaliste de la question énergétique et climatique n'est hélas pas pour demain, même avec la meilleure volonté du monde de la part des journalistes, et nombre d'entre eux seraient probablement les premiers désireux de voir le système changer. Mais, là encore, c'est le consommateur qui tient le manche : si nous acceptions de payer le journal quatre fois plus cher, les journaux passeraient quatre fois plus de temps à peaufiner leurs papiers, ils pourraient s'affranchir de la publicité et l'information y serait nécessairement meilleure. Mais ce n'est manifestement pas, en ce moment, le sens de l'histoire : les gratuits – totalement financés par la publicité – sont rapidement devenus des tirages dominants dans la presse quotidienne…

« Je veux bien, mais… »

Supposons que, dans un hypothétique meilleur des mondes, nous disposions désormais d'une information complète. Toute la population passerait-elle aussitôt à l'action ? Pas sûr : les gens bien informés sur le sujet du changement climatique ne sont pas nécessairement des consommateurs plus vertueux que les autres. Les militants des associations environnementales se recrutent majoritairement parmi les urbains aisés, qui consomment plus que la moyenne, et donc, par la force des choses, polluent plus que la moyenne, un petit effort ici étant alors compensé par un gros surplus là-bas. Par exemple, la plupart des militants du développement durable fréquentent volontiers les aérogares, sans compter tous les retraités se disant « sensibles et concernés », qui continuent à voyager aux quatre coins du monde et à habiter un grand pavillon de banlieue surchauffé. Leur sincérité n'est pas en cause, mais quelle meilleure preuve qu'il ne suffit pas de savoir, et de croire ce que l'on sait, pour passer à l'action sur-le-champ ?

La clé du problème se trouve dans la notion même de démocratie, ce « pire des systèmes à l'exception de tous les autres », selon Churchill. La contrainte volontaire en démocratie, s'il n'existe ni sanctions ni pénalisation économique, ne pousse jamais à l'action résolue plus de

1 à 2 % de la population. Pour les petits gestes, pas de problème : une grande partie de la population achètera volontiers une ampoule basse consommation. Mais rares seront ceux qui renonceront volontairement à manger du bœuf (produire 1 kilo de bœuf pollue presque autant le climat que rouler 100 kilomètres en voiture), à agrandir leur logement, à acheter une voiture plus grosse, à acheter un sèche-linge (un gouffre à kilowatt-heures, même « économe »), et qui militeront dans le syndicat d'entreprise pour que la température baisse dans les bureaux ou que l'objectif de la direction soit de produire de moins en moins. C'est toujours 1 à 2 % de la population seulement qui achètera bio ou équitable alors que c'est plus cher, ou qui prendra systématiquement le train, même si l'avion est plus rapide et moins onéreux (mais 30 fois plus polluant !).

Alors, faut-il désespérer du genre humain ? Sommes-nous, comme la grenouille de La Fontaine, destinés à enfler tant et plus pour en crever ensuite, et en faire crever les autres ? Peut-être, mais peut-être pas.

Si l'effort volontaire est si difficile, c'est notamment parce qu'il n'offre aucune garantie d'être imité par les autres dans un système sans contrainte. C'est le fameux : « je veux bien faire l'effort, mais pas si personne d'autre ne s'y met », ou sa variante : « si je m'y mets seul, cela ne sera de toute façon qu'une goutte d'eau dans la mer ». Mais il existe nombre de cas de figure où une même personne, qui n'est pas prête à faire un effort seule dans son coin, devient d'accord pour supporter une contrainte nouvelle partagée par tous.

Or, dans le domaine qui nous concerne, il existe une chose très simple qui permet de répartir l'effort : la taxe ! Un bon exemple est celui du tabac. Depuis des décennies, les médecins expliquent que fumer est mauvais pour la santé. Est-ce que cela a fortement dissuadé les adolescents de s'y mettre ? Certes pas ! S'ils n'ont pas fait directement baisser la tabagie, les discours ont en revanche eu un effet déterminant : celui de rendre socialement acceptables les hausses de prix et les interdictions de fumer, qui, elles, ont eu un effet certain, y compris chez les plus jeunes. En d'autres termes, la parole seule n'a pas suffi à ancrer dans l'esprit des jeunes fumeurs qu'il était préférable de ne pas se mettre à fumer, mais cela a préparé les « vraies » mesures, qui ont un effet avéré sur la consommation, à savoir la hausse du prix du tabac et l'interdiction de fumer dans un certain nombre d'endroits.

Il serait souhaitable qu'il en aille avec les combustibles fossiles exactement comme avec le tabac. Le discours seul ne rendra « sage » que 1 ou 2 % de la population, mais nous pouvons espérer que, à force d'être répété, il rendra socialement acceptable, pour une fraction de plus en plus large de nos concitoyens, une mesure indispensable pour s'en sortir : augmenter progressivement la fiscalité sur l'énergie, pour faire croître le prix de cette dernière plus vite que le pouvoir d'achat. Convaincre nos concitoyens planétaires que le salut est à ce prix, telle est notre modestissime ambition ! Avant d'y revenir en détail chapitre 7, toutefois, deux questions restent à traiter :

– Si tout va de moins en moins bien pour la planète, comment expliquer que le PIB aille de mieux en mieux ?

– Le pétrole n'est-il pas déjà suffisamment cher comme cela pour parvenir au résultat souhaité ?

5

La croissance, une planche de salut… qui glisse

Pendant l'essentiel de l'histoire des hommes, de l'Empire aztèque à la démocratie athénienne, nos ancêtres ont vécu plus que chichement, guère plus de 20 ans en moyenne, et surtout dans la hantise de la famine, des maladies, des prédateurs et des sautes d'humeur de la planète. Comparées aux classes moyennes actuelles, les castes favorisées de ces sociétés vivaient dans une opulence toute relative : elles n'ont jamais eu la possibilité d'écouter une symphonie quand bon leur semble, de prendre un bain dans l'instant, de se faire mettre une prothèse dentaire, ou de se déplacer sur un coup de tête à 1 000 kilomètres de là. Nos lointains ancêtres voyaient par ailleurs, avec raison, la nature comme brutale, dangereuse… et infinie. La population croissait déjà, mais plus faiblement (environ 5 millions d'hommes sur la planète il y a 10 000 ans, 200 millions à l'époque d'Astérix, et moins de 500 millions au temps du Roi-Soleil), et la domination humaine sur l'environnement et le règne animal n'était pas totale : tantôt l'homme coupait une forêt, domptait une rivière, et connaissait l'opulence en se jouant des dangers naturels, tantôt une épidémie, un tremblement de terre ou une sécheresse engendrant une redoutable famine venaient rappeler que l'espèce humaine peut à tout moment être écrasée par des forces qui la dépassent.

Puis, en quelques générations, un rien de temps pour une espèce qui en a déjà connu 10 000, la révolution industrielle a fait basculer brutalement les rapports de l'homme avec la nature. Grâce aux moyens scientifiques, technologiques, organisationnels (l'hygiène par exemple, à l'origine de l'explosion démographique), nous avons pris le dessus sur les limites autorégulatrices de la nature. En deux siècles, la population humaine a été multipliée par 6, et la pression humaine sur l'environnement par 100. Et surtout, nombre des processus qui nous entourent sont devenus régis par des « exponentielles », qui ont la particularité de grossir vite, et même très vite ! Une mare se couvrant de nénuphars qui doublent de surface tous les jours (augmentation quotidienne de 100 %) illustre un tel phénomène. Si la mare met 29 jours à se couvrir à moitié de nénuphars, ce n'est pas 29 jours de plus que nous attendrons avant qu'elle soit totalement couverte, mais juste... 24 heures ! Les processus exponentiels sont donc des processus qui s'accélèrent très fortement avec le temps, même avec des taux de croissance annuels faibles en apparence. Une croissance annuelle de 5 % pendant deux siècles, appliquée à n'importe quoi, conduit à l'arrivée à une multiplication par... 17 000 ! Sachant que la démographie, la concentration de CO_2 dans l'atmosphère, la consommation d'hydrocarbures, la pêche en mer, la destruction des espèces et en fait à peu près tous les effets de l'action humaine croissent de manière exponentielle, on comprend que cela ne peut pas durer très longtemps dans un monde fini.

D'aucuns trouveront ce propos un peu réchauffé : de Malthus au Club de Rome, les Cassandre de tout poil nous prévoient la fin des temps pour demain matin, et la Terre continue de tourner. Certes, mais tout le monde sait que le raisonnement dit « par induction » (un raisonnement par induction consiste à considérer que ce qui s'est observé depuis un certain temps continuera à s'observer à l'avenir quoi qu'il arrive) a ses limites : ce n'est pas parce que nous nous sommes levés vivants tous les matins jusqu'à présent que nous sommes immortels pour autant ! Pas plus pour les hommes que pour les nénuphars, le constat de 100 ou 1 000 ans de croissance dans le passé ne garantit la même chose à l'avenir. En fait, l'inverse est même toujours certain, et n'est qu'une question de temps. Ce n'est qu'une question de temps avant que la Terre s'arrête de tourner ou le Soleil de briller (quelques milliards d'années, quand même), ce n'est qu'une question de temps avant que la production de pétrole décroisse, et ce n'est qu'une question de temps avant que le Club de Rome ait raison. Son fameux rapport de 1972, si mal commenté par tant de gens qui ne l'ont pas lu, recoupe admirablement les travaux des géologues et climatologues d'aujourd'hui : c'est très vraisemblablement au cours du XXIe siècle que la croissance matérielle « perpétuelle » prendra fin. Les 30 ans de progrès scientifique qui se sont écoulés depuis cette première pierre n'ont fait, hélas, que confirmer cette échéance. Aux incrédules, il reste à rêver d'un embarquement massif vers d'autres planètes, à supposer que l'on commence par régler un point de détail : trouver une planète hospitalière pour quelques milliards d'individus. La réalité, aujourd'hui, est que nous ne savons pas faire vivre une poignée d'hommes ou de femmes plus de quelques mois dans une station orbitale, qui est tout sauf autonome (les astronautes emportent rarement avec eux les quelques hectares de terre cultivable nécessaires à leur alimentation, qui eux restent sur Terre où il vaut mieux les conserver en bon état). Il faut consommer l'équivalent de quelques milliers de tonnes de pétrole pour mettre un Terrien en orbite avec sa coquille d'escargot, alors que la dotation énergétique actuelle par Terrien est de 1,5 tonne équivalent pétrole par an, et c'est déjà trop. Bref, cette piste n'a d'intérêt que pour les fans de science-fiction, ou si nous acceptons de sauver quelques milliers d'hommes seulement, et il devient alors douteux que vos enfants et les nôtres en feront partie.

L'inversion des pénuries : l'économie classique à la poubelle ?

Cette fin programmée de la croissance matérielle, nous ne la voyons pas dans nos indicateurs économiques, pour l'excellente raison que ces derniers ignorent superbement une inversion qui a commencé il y a quelques décennies. Ce qui a toujours été, dans l'histoire de l'humanité, le premier facteur limitant (le travail) est devenu excessif, et ce qui était excessif (les ressources naturelles et la capacité d'épuration de la planète) est en passe de devenir insuffisant : c'est ce que nous pouvons qualifier d'« inversion des pénuries ». Cette inversion, nous la devons à l'apparition de la machine et de la technologie, qui a créé des dizaines de paires de bras mécaniques par personne, d'abord dans l'agriculture, puis dans les biens « industriels » de consommation. Cette évolution a considérablement accru la capacité de prédation de l'homme sur son environnement, laquelle capacité n'est rien d'autre, en économie… que la productivité. La quantité de blé produite aujourd'hui par heure de travail dans la Beauce est environ 200 fois celle obtenue par les paysans français en 1800 ! Ce qui a permis ce bond spectaculaire de la productivité, c'est l'incroyable profusion énergétique qui caractérise l'ère moderne.

L'inversion des pénuries qui en résulte a un impact renversant – au sens propre ! – sur notre système productif tout entier. Nous croulons désormais sous un travail humain surabondant (le chômage est assurément le problème numéro un dans nos pays)… et nous sommes bien partis pour créer une pénurie massive de ressources naturelles. Or, notre système économique n'en tient aucun compte, à cause de sa date de naissance. Si le premier facteur limitant pour produire est le nombre de paires de bras (ou de jambes, allez) disponibles, il est logique de valoriser avant tout la force du travail dans les représentations économiques, en négligeant l'accessoire, dont les prélèvements de ressources naturelles. Tout indicateur créé à pareille époque, et tout mode de gestion qui s'en inspire, se focalisera en toute bonne logique sur les coûts de main-d'œuvre, sans se soucier des ressources naturelles. Et, de fait, tout notre système de prix, aujourd'hui, ne représente – par construction même – que la somme cumulée des salaires et rémunérations des acteurs humains ayant contribué à la production. La réduction permanente des coûts par les chefs d'entreprise conduit bien, le plus souvent, à réduire la part relative de la main-d'œuvre dans la production.

Avec une capacité de prédation de l'homme sur son environnement qui s'améliore sans cesse, le système va logiquement engendrer une pénurie nouvelle (d'énergie, de ressources et de services naturels), qui pourtant n'est préfigurée nulle part dans nos instruments économiques... pour la raison toute simple qu'ils ne sont pas faits pour la voir. Car ce que compte le PIB, c'est le PIB, et rien d'autre ! Et surtout pas l'état de l'humanité (ou son degré de plénitude), ni celui du système Terre, sans lequel il est douteux qu'il subsiste un PIB. Dès le début de la révolution industrielle, qui est aussi celui de l'économie politique, la prise en compte de l'environnement dans les décisions humaines pâtit d'une faiblesse structurelle : l'Homme utilise gratuitement les services que lui rend la nature, et la nature subit des préjudices (dont certains sont différés dans le temps, et donc pas immédiatement perceptibles) sans demander réparation ni physique ni monétaire (et sans faire de procès !). Les dommages ne sont pas plus dans le PIB, du reste, que les ressources naturelles indispensables à ce dernier. Pour les dommages différés dans le temps, comme les conséquences du changement climatique futur, pourtant créé pour partie avec les émissions d'aujourd'hui, nous sommes donc doublement aveugles ou aveuglés. Comme le disait déjà l'économiste Frédéric Bastiat en 1850 : « La houille de Newcastle est prodiguée gratuitement à tous les hommes... à la seule condition de l'aller chercher ou de restituer cette peine à ceux qui la prennent pour nous. Quand nous achetons de la houille, ce n'est pas elle que nous payons, mais le travail qu'il a fallu exécuter pour l'extraire et la transporter. » Certes, nous payons aussi une redevance au propriétaire du sol d'où est extraite la houille, comme le savent bien aujourd'hui les États pétroliers. Mais le propos de Bastiat reste juste : c'est le propriétaire que nous payons, pas la nature, qui ne passe pas à la caisse. Pas de propriétaire, pas de prix !

Une nature gratuite

Tout le système comptable des entreprises a hérité de ce vice de construction : si un morceau de la planète (organismes vivants inclus) n'est la propriété de personne, alors il est gratuit. Et s'il est gratuit, sa dégradation ne se fera pas sentir directement dans l'économie. La dégradation ne se fera sentir que si une activité humaine qui en dépend voit son chiffre d'affaires en pâtir (ou au contraire augmenter). Les abeilles rendent à la collectivité un service gratuit essentiel à travers la pollinisation, sans quoi une large partie des plantes et les arbres à fleurs ne pousseraient pas. Pourtant, personne ne paie de facture aux petites ouvrières, et, si ces dernières vont mal, nous nous en rendrons compte d'abord parce que les apiculteurs iront mal économiquement. Plus généralement, la nature rend des services écologiques multiples, aussi essentiels qu'invisibles, et jamais facturés. Elle nous fournit gracieusement une atmosphère respirable, une circulation atmosphérique à peu près stable, une eau à peu près propre, du poisson, des sols propices à l'agriculture, du pétrole, du gaz, du charbon, etc. Bien qu'aucune de ces dotations naturelles ne figure dans le PIB, supprimez-les, et vous supprimerez les hommes, usines et PIB inclus !

La nature n'est pas seulement notre fournisseur de matières premières, mais aussi notre éboueur. Nous ne sommes pas davantage facturés pour ce deuxième service : la planète ne s'en met pas « plein les poches » quand nous injectons des fumées dans l'atmosphère, des déchets dans le sol, ou des rejets dans l'eau. C'est pour cela que nous allons pouvoir mettre – gratuitement – des gaz à effet de serre dans l'air pendant très longtemps, et que nous n'en verrons la conséquence dans l'économie que lorsque le changement climatique commencera à gêner nos activités productives. La nature rend donc des services essentiels qui ne sont pas comptabilisés. Jean-Baptiste Say écrivait dans son *Cours d'économie politique* (1840) : « Les richesses naturelles sont inépuisables, car sans cela nous ne les obtiendrions pas gratuitement.

Ne pouvant pas être multipliées, ni épuisées, elles ne sont pas l'objet de la science économique. » Cette citation peut sembler surprenante pour un Terrien de l'an 2000, mais elle n'avait rien que de très normal à l'époque. Les ressources naturelles et la capacité de restauration de la nature semblaient alors infinies : pourquoi comptabiliser quelque chose d'inépuisable et d'omniprésent ? La gratuité était une bonne approximation pour les deux parties (l'Homme et la Nature) et pouvait conduire à des recommandations de politique économique adéquates au premier ordre. Comme nos principaux instruments de mesure économiques sont tous centenaires (au moins), et qu'ils n'ont pas changé bien qu'un siècle d'exponentielles soit passé par là, nous pouvons dire sans hésiter qu'ils ont cessé d'être appropriés.

Or, la comptabilité a une importance généralement sous-estimée dans l'orientation de la vie économique. C'est elle qui permet de déterminer les profits (et les pertes) d'une entité productive (une entreprise par exemple), en fonction desquels les dirigeants prennent *in fine* leurs décisions. C'est tout à la fois une boussole et un aiguillon : boussole parce que aucun dirigeant ne décidera quelque chose qui pénalise l'indicateur utilisé, aiguillon parce que l'intérêt personnel des dirigeants d'entreprise est toujours plus ou moins associé à celui de leur société. Pendant longtemps, la boussole a indiqué le nord, en conseillant l'amélioration de la productivité du travail sans se soucier de l'augmentation de la consommation de ressources naturelles. Mais cette boussole nous conduit désormais à vitesse accélérée vers le sud, c'est-à-dire un monde peut-être bien moins drôle que celui dont nous nous sommes extraits il y a un siècle ou deux. La comptabilité d'entreprise ne compte pas *ce qui compte vraiment aujourd'hui*, et nous allons voir que les États ne font pas mieux qu'elle.

Le PIB : l'art de compter ce que l'on gagne en oubliant ce que l'on doit

La comptabilité nationale est née après guerre en France – et dans les pays développés – pour tenter de cerner des grandeurs d'ensemble et mieux piloter l'économie. Le laisser-faire du président Hoover face à la terrible crise de 1929 avait laissé un désagréable arrière-goût. Du coup, les autorités veulent diriger – ou au moins orienter – les phénomènes « macroéconomiques », c'est-à-dire les phénomènes économiques globaux qui résultent du comportement de l'ensemble des acteurs de l'économie (ménages, entreprises, banques et administrations). Comme il n'y a pas d'action évaluable sans étalon de mesure, les autorités vont créer les « comptes de la nation ».

C'est ainsi qu'apparut le fameux PIB, sorte de chiffre d'affaires global d'un pays qui se définit comme « la somme des valeurs des produits et services disponibles pour un usage final », et le non moins célèbre PNB (produit national brut), intégrant aussi la production faite à l'étranger. Le PIB représente donc la valeur de tous les produits et services faits de la main de l'homme et disponibles à la consommation des ménages. Mais, miracle de la comptabilité, le PIB mesure aussi le revenu de l'ensemble des agents économiques physiquement présents dans un pays. On verra plus loin que les pièges dans le calcul – et surtout l'interprétation – du PIB sont légion. Mais avant d'en arriver là, notons une évidence rarement soulignée : la comptabilité nationale se nourrit des comptes des entreprises. La première va donc naturellement hériter des défauts des secondes : il n'y a pas plus de nature dans le PIB que dans les comptes des entreprises. Dès sa conception, cet indicateur global a ignoré les services que nous rend la planète et les dégradations que nous lui faisons subir.

Ajoutons une deuxième constatation : le PIB mesure des échanges (ce que l'on vend et achète), et non un patrimoine (ce que l'on possède). Il comptabilise tout l'argent qui circule entre agents économiques, mais rien que cela, et en tout cas pas la totalité de leurs biens ! C'est donc à tort que la croissance du PIB est généralement présentée comme une mesure de la croissance de la richesse nationale. La richesse est une affaire de patrimoine (pour un individu, sa maison, sa voiture, ses meubles, son épargne, etc., moins ses dettes) et non de revenu (toujours pour un individu, son salaire ou ses gains annuels). Il est possible d'avoir un patrimoine qui diminue malgré des revenus croissants : il suffit d'avoir des dépenses croissant plus vite encore ! Pour un pays, la différence est encore beaucoup plus importante : ce qui fait la richesse d'une nation est avant tout son patrimoine naturel, alors que ce dernier n'existe pas dans le PIB. Cherchez bien, vous ne trouverez nulle trace de la Méditerranée dans le PIB, bien que l'on trouve dans cet indicateur tous les chiffres d'affaires des entreprises qui en dépendent !

En fait, non seulement le patrimoine naturel n'est pas dans le PIB, mais le patrimoine « artificiel » n'y est pas plus. L'État ne fait pas le moindre bilan, comme une entreprise, avec un actif, un passif, et un compte de résultat distinct d'une simple gestion de trésorerie. A ce jour, il en est encore à une comptabilité de caisse, c'est-à-dire qu'il compte les billets qui entrent, les billets qui sortent, ce qu'il doit à ses créanciers, et il s'arrête là. La loi de finances n'est rien d'autre qu'une longue liste d'autorisations de dépenses et de prévisions de recettes, mais absolument pas un « bilan prévisionnel » identique à celui réclamé par toute banque à tout candidat à la création d'entreprise. Ceci impliquant cela, si la comptabilité publique ne tient pas compte des actifs naturels, elle n'intègre pas davantage les variations – et donc les dégradations éventuelles – de ces actifs. La comptabilité nationale est parfaitement incapable de nous donner le sens dans lequel souffle le vent en ce qui concerne l'état des « comptes de la nature ».

Le PIB compte ainsi la sueur de l'agriculteur beauceron, mais pas l'existence des sols fertiles sur lesquels il cultive ou de la pluie indispensable, les sommes dépensées par les touristes en Bretagne, mais rien pour l'existence du littoral ou de l'océan, les ventes des chasseurs ou pêcheurs, mais rien pour le stock d'espèces vivantes naturelles, le salaire du transporteur routier, mais rien pour les 21 % d'oxygène dans l'air qui permettent au camion d'avancer.

Le PIB n'intègre pas plus les services non marchands, autrement dit tout ce qui est fait pour soi-même ou pour les autres sans échanges monétaires. La mère qui garde amoureusement son bébé ou le père qui fait patiemment faire les devoirs à son enfant seront invisibles dans le PIB, mais le prof revêche à domicile et la nounou sadique de la crèche y sont. Au fait, les enfants préfèrent-ils plus de parents attentifs et moins de PIB, ou l'inverse ? Les millions de bénévoles des clubs de foot, de tennis, de peinture ou des Restos du cœur sont tout aussi invisibles dans l'économie nationale, puisque ne donnant lieu à aucun échange monétaire. Les bonnes relations de voisinage sont également à éviter : si je fais le ménage chez mon voisin et qu'il vient réparer ma prise électrique, le PIB reste pâlichon, alors que si nos aimables voisins se rémunèrent l'un l'autre, l'économie prendra tout de suite des couleurs. Faut-il rappeler que les activités ne donnant lieu à aucun échange monétaire sont celles qui nous occupent le plus ? Nous travaillons 35 heures – allez, 60 pour les forçats – sur une semaine qui en compte 168 : l'essentiel de nos heures éveillées échappe donc totalement au PIB !

Toutes ces limites n'empêchent en rien le PIB de rester l'alpha et l'oméga de tout commentateur avisé de la vie économique. Impossible de ne pas s'y référer comme *la* mesure du bien économique, et du bien-être tout court ! Quand notre PIB a des accès de faiblesse (c'est-à-dire s'il ne croît que de 2 %), tout va mal ; le retour d'un PIB en forme est salué avec émotion et soulagement... car l'absence de croissance, « ça ne pouvait pas durer ». La croissance du PIB, c'est plus d'argent pour tout le monde, c'est plus de travail pour tout le monde, c'est donc le progrès et le bonheur dans un même paquet cadeau. En un mot, nous nous livrons à un véritable culte du PIB, probablement imprévu par ses concepteurs et pas forcément désiré par ceux qui le produisent ! Sauf que ce culte n'est pas nécessairement opportun : cet indicateur peut très bien continuer à croître alors que les problèmes s'accumulent pour le futur. Pendant un certain temps au moins, plus ça va mal et mieux ça va ! Le PIB, en effet, compte en positif des activités qui sont clairement destructrices de patrimoine naturel. Quand un pays épuise progressivement ses mines d'or, la diminution de ses ressources aurifères n'est pas comptabilisée ; seul le chiffre d'affaires de l'extraction l'est (il n'y a nulle part dans le PIB de dotation aux amortissements pour la diminution du stock de minerai). La disparition de la morue au large de Terre-Neuve a contribué positivement au PIB : l'épuisement du stock n'est compté nulle part de manière explicitement négative, alors que la pêche qui en est à l'origine a engendré une comptabilité positive tous azimuts pendant des siècles, pour la fabrication des bateaux et des engins de pêche, les revenus des pêcheurs tant qu'ils pêchaient, les revenus des vendeurs et transformateurs de poisson, des fabricants de boîtes de conserve, puis de camions frigorifiques et d'étals de poissonnerie, et même les indemnités de licenciement des pêcheurs quand, après avoir coupé la branche sur laquelle ils étaient assis, ils se sont retrouvés au chômage.

Non seulement la majorité des atteintes à l'environnement ne sont pas comptabilisées dans le PIB, mais elles le font croître, en nourrissant des activités de prédation, ou en engendrant des besoins de dépollution ou de reconstruction qui mobilisent des paires de bras et créent des revenus. Les pluies acides, le trou dans la couche d'ozone, les pollutions provoquées par une activité chimique, le changement climatique, la pollution due à l'*Erika* font actuellement croître le PIB, car on verse des salaires pour lutter contre les pluies acides, on développe des produits moins nocifs pour l'ozone, on enlève le mazout des plages, ou l'on « gère » (en installant des climatiseurs !) les premiers effets du changement climatique. Le séisme de Kobé, qui tua en 1995 plus de 6 000 personnes au Japon, détruisit plus de 100 000 immeubles et laissa des centaines de milliers de sans-abri, fut une aubaine économique : enterrer les morts a donné du travail aux pompes funèbres, soigner les blessés en a donné aux médecins, et surtout la reconstruction généra un boom de l'investissement. Le coût économique fut estimé à environ 2 % du PIB japonais, mais c'était à l'évidence une mauvaise manière de compter puisque l'économie japonaise retrouva son taux de croissance préalable en un peu plus d'un an. Fin 2005, on évaluait le coût de l'ouragan Katrina entre 100 et 200 milliards de dollars. Mon Dieu ! 200 milliards ! Quelle horreur ! Mais dire que Katrina va coûter 100 à 200 milliards, c'est dire qu'il va aussi rapporter 100 à 200 milliards de dollars à quelques heureux entrepreneurs et à leurs « parties prenantes » (salariés, actionnaires, banquiers...). Si quelqu'un paie, il y a quelqu'un d'autre « ailleurs » pour encaisser ! (Ce qui contribue au PIB, ça c'est certain.) Considéré sur plusieurs années, cet ouragan sera donc, comme l'ont été les « tempêtes » de 1999 en France, un moteur de l'économie, même si la baisse d'activité en Louisiane a pesé négativement dans le PIB américain pendant quelques semaines. Pour l'heure, la seule question pertinente après une catastrophe est de savoir qui paie et qui encaisse. Du côté des payeurs, on va trouver d'abord les compagnies d'assurance et de réassurance, qui dans la pratique redistribuent des cotisations passées, et l'État, qui redistribue l'argent du contribuable. Du côté des bénéficiaires de cette aubaine, on va trouver le corps médical, l'industrie pharmaceutique, les entreprises de travaux publics et de bâtiments et tous ceux qui fabriquent et vendent des voitures, de l'électroménager, ainsi que tous ces objets de notre vie courante dont il est impossible de se passer.

On pourrait multiplier à l'infini les exemples : même les crottes de chien sur les trottoirs font grimper le PIB, quand on commence à acheter des décrotteuses et payer des gens pour décrotter... Cet apparent paradoxe n'en est pas un : redisons-le, le PIB mesure les revenus liés à l'activité dite « économique », c'est-à-dire celle qui rentre dans les comptes. Si une part croissante de notre activité consiste à résoudre des petits problèmes que nous nous sommes créés, alors plus nous nous créons de petits problèmes et plus cela fait monter le PIB.

Ce raisonnement a toutefois une limite, qui va nous

permettre de reboucler avec la finitude du monde : il ne tient que si la réparation des dégâts est à notre mesure, et les ressources suffisamment abondantes pour nous permettre d'alimenter l'activité de « réparation des dégâts ». Si une météorite de quelques dizaines de kilomètres de diamètre frappe la Terre, la réparation par les survivants (s'il y en a) de ce qui sera réparable ne compensera pas la perte de PIB due au décès de la quasi-totalité de l'humanité. Le changement climatique ou le pétrole nous offriront peut-être un cadre de raisonnement identique : si les ennuis se multiplient à un rythme bien trop rapide pour que notre aptitude à les réparer puisse suivre, alors ce qui, dans un système globalement bien portant et à petite dose, crée du PIB, se mettra à en détruire.

Comment aller plus mal (plus tard) avec un PIB qui s'améliore (tout de suite)

Si la croissance du PIB intéresse tant de monde, c'est aussi parce que nous considérons que cet indicateur mesure le bien-être d'un pays. Tant que la nature est quasi infinie, ce n'est pas faux : plus de PIB, c'est plus de biens et de services faits de main d'homme pour le consommateur, sans diminution préjudiciable du capital naturel utilisé pour les produire. Quelques voitures, c'est un réel progrès pour leurs propriétaires, mais pas encore une nuisance pour tous. La hausse du PIB est aussi l'amie de l'emploi dans un contexte de productivité croissante. Mais on oublie trop souvent que le PIB augmente aussi avec le mal-être ! Un adolescent qui se retrouve dans un fauteuil roulant suite à un accident est excellent pour le PIB : il donne de l'activité aux hôpitaux, aux marchands de fauteuils roulants, aux rééducateurs et autres personnels soignants. Un séjour à l'hôpital pour longue maladie est très bon pour le PIB, et plus la maladie est grave, plus le PIB augmente. Les enfants gardés à la crèche (payante) plutôt que par la grand-mère (gratuite), c'est fameux pour le PIB, et si on peut mettre les enfants à la crèche et la grand-mère en maison de retraite (payante aussi) plutôt que les uns chez l'autre de manière gratuite, le ministre de l'Économie vous décerne une médaille. Passer un après-midi sur une chaise longue est une horreur pour le PIB. Mieux vaut sortir faire des courses ! L'augmentation des ordures ménagères est une bénédiction économique : il faut payer des gens pour fabriquer les futurs déchets, les transporter, les vendre dans de superbes grandes surfaces, puis payer pour gérer les déchets une fois que nous avons mis nos poubelles sur le trottoir. L'obésité fait autant enfler le PIB que ses victimes : on paie d'abord pour acheter tout ce qui fait grossir (aliments et voitures), puis on paie des médecins parce qu'on est malade, des fabricants de prothèses quand on est amputé, on conduit encore plus parce que la marche ou le bus deviennent physiquement plus difficiles, et on achète des vêtements sur mesure qui valent plus cher ! Il serait intéressant de savoir quelle est la contribution de l'obésité au PIB américain : si elle n'est pas négligeable, l'obésité pour tous devrait être obligatoire! Et pour rester aux États-Unis, bons élèves s'il en est en matière de PIB et de croissance, la durée de vie y est inférieure de 4 ans à celle de la France, pays où le PIB est d'un manque de tonus affligeant.

Tout cela, c'est le passé ou le présent. Pour l'avenir, ne peut-on rêver d'une « croissance » qui redeviendrait synonyme de progrès, c'est-à-dire sans destruction irréversible des ressources naturelles et avec réelle augmentation du bien-être ? (Mesuré avec d'autres indicateurs, ce dernier est probablement passé par un maximum dans les années 1970.) La monnaie étant entièrement dématérialisée, et le PIB étant un indicateur monétaire, on pourrait être tenté de répondre positivement. Il suffit d'avoir une production matérielle identique, mais valant de plus en plus cher, ou de faire payer de plus en plus cher tout ce que l'on faisait gratuitement auparavant, ou encore d'incorporer dans le PIB des services qui permettent de réduire les consommations d'énergie et de matière. Si la théorie est simple, en pratique c'est un peu plus compliqué que cela, non pas pour des raisons morales, mais pour une raison technique liée à la construction de l'indicateur. La croissance du PIB s'évalue uniquement en volume, c'est-à-dire avec des prix corrigés de l'inflation. Si le prix d'une voiture monte de 10 % parce que la voiture est un peu différente du modèle précédent, est-ce de l'inflation (plus cher pour la même chose), ou est-ce une hausse en volume (plus cher pour autre chose) ? Cette apparente subtilité est en fait lourde de conséquences : avec « plus cher pour autre chose », il n'y a pas d'inflation, et le PIB augmente effectivement en n'ayant pas produit plus de voitures. Mais si c'est « plus cher pour la même chose », alors la voiture sera comptée avec son prix d'avant (c'est cela la correction de l'inflation) et pour faire augmenter le PIB il faudra obligatoirement produire plus de voitures. Dans le premier cas, la croissance indéfinie est possible sans augmenter la consommation de ressources naturelles (on fait des voitures toujours différentes, toujours plus chères, et le PIB monte indéfiniment sans augmentation du nombre de voitures produites), alors que dans le deuxième c'est impossible (un PIB en hausse signifie nécessairement plus de voitures produites, donc plus de métal et d'énergie consommés, et donc une consommation matérielle en hausse – celle-là même qui est condamnée à baisser un jour, physique oblige). Et si le théoricien a admirablement prévu que l'on sépare les volumes de l'inflation, les personnes de l'INSEE qui font les calculs ne savent pas toujours distinguer correctement l'effet volume de l'effet « nouveau produit », de sorte que, dans la pratique, la croissance du PIB est toujours liée à une augmentation des volumes produits, et donc à une consommation matérielle accrue.

Encore plus concrètement, il est manifeste que le « rattrapage » actuellement poursuivi par les populations chinoises, indiennes et brésiliennes est tout sauf immatériel, et que la croissance actuelle du PIB mondial a un fort contenu matériel. Elle est brutalement prédatrice et conduira tôt ou tard à sa propre fin, à cause des destructions irréversibles de ressources et de services naturels dont elle s'alimente.

A ce stade, il devient possible de se poser quelques questions sur l'évolution du PIB à l'avenir en regard du changement climatique ou de la déplétion pétrolière. Du côté du pétrole, nous avons amplement constaté pendant les années qui ont suivi 1973 que sa hausse pouvait ne pas être bonne pour le PIB. Pour éclairer le débat, il faut distinguer deux effets distincts de la facture pétrolière : le premier, de loin le plus important, est qu'il faut la payer. En France, nous importons 99 % de notre pétrole (et 97 % de notre gaz) et le payons en dollars, qu'il faut se procurer sur le marché international. En 1973 nous consommions 119 millions de tonnes par an, et en 2003 95 millions, soit environ 700 millions de barils ; ce qui nous a poussés à l'économie, c'est essentiellement la hausse des prix. La facture oscille aujourd'hui entre 14 milliards de dollars, quand le pétrole a le « bon goût » d'être à 20 dollars le baril, et 42 milliards quand il monte à 60 dollars. En euros, l'addition fait de 10 à 30 milliards. 20 milliards d'euros en plus, c'est beaucoup pour un pays comme la France : cela représente 5 % des importations, ou 1 % du PIB.

Le deuxième effet, plus sensible dans la vie courante, est aussi plus difficile à quantifier : l'augmentation du prix du pétrole crée des transferts de pouvoir d'achat. Par exemple, les ménages ne peuvent pas limiter à très bref délai certaines consommations de produits pétroliers : pour un logement donné, on ne peut pas diviser l'énergie de chauffage par 4 en une semaine, et lorsque l'on habite ici avec le travail qui est là, l'école encore ailleurs, et les enfants déjà grands à 300 kilomètres, bien des trajets en voiture ne peuvent être supprimés en 24 heures. Avec un pouvoir d'achat inchangé et une facture pétrolière qui augmente, les ménages vont réduire d'autres postes de dépenses. Des achats « superflus » (voyages, restaurants, etc.) vont baisser rapidement, au grand dam des commerçants concernés. Certains professionnels verront leurs prix de revient augmenter ; ceux qui ne peuvent répercuter cela dans leurs prix de vente verront leurs marges baisser, ou mettront la clé sous la porte, au grand dam des salariés concernés cette fois-ci. Quelques marges vont néanmoins s'accroître pendant un certain temps – c'est le cas des compagnies pétrolières. D'autres encore profiteront de l'accroissement des marchés d'exportation vers les pays producteurs qui dépensent leurs surplus de revenus pétroliers. D'autres enfin verront l'amélioration relative de la rentabilité de leur technologie. Bref, il y a des perdants et des gagnants : qu'est-ce que tout cela donne pour le PIB ?

La réponse, nous l'avons déjà évoquée : sur les 20 dernières années, quand le prix du baril augmente sur les marchés internationaux, la croissance des pays de l'OCDE fléchit dans l'année qui suit, et le taux de chômage dans cette même zone augmente trois ans après. Pour l'heure, ce sont donc les grincheux qui ont raison : la hausse du prix de marché du pétrole n'est pas bonne pour le PIB. Ironie du sort, cette même hausse du PIB, qui se nourrit de la consommation croissante d'or noir, augmente la probabilité de chocs futurs... qui feront baisser le PIB ! Mais nous verrons plus loin qu'il en va tout autrement de la hausse de la fiscalité...

Et l'effet de serre, lui, est-il bon ou mauvais pour le PIB ? A ses tout débuts, la contribution de l'effet de serre au PIB est plutôt positive, mais marginale : ce sont les revenus (bien maigres) des scientifiques qui l'étudient, des quelques éditeurs qui publient un livre sur le sujet (et redistribuent une infime partie des bénéfices sous forme de droits d'auteur !), ou les rémunérations des journalistes qui font un article sur la question.

D'autres contributions se révèlent ensuite moins anodines : le changement climatique – encore modeste – crée des catastrophes « naturelles » plus fréquentes qu'à l'ordinaire (sécheresses, inondations, incendies de forêts, ouragans). Les assurances commencent à voir venir des montants significatifs, de l'ordre de milliards ou de dizaines de milliards de dollars. Le bilan économique, on l'a vu plus haut, est largement positif. D'aucuns se mettent-ils à prévoir le pire ? C'est encore mieux. Construire des digues pour prévenir la montée des eaux, mieux gérer les forêts pour augmenter leur capacité en tant que puits de carbone, imaginer des technologies pour réduire les émissions de CO_2, tout cela génère de l'activité, que l'État, bon prince, peut même aller jusqu'à encourager en mettant la main à la poche.

Les choses commenceront à devenir vraiment sérieuses un peu plus tard, disons dans quelques décennies. Les effets conjugués de diverses petites atteintes à l'environnement font alors plus que s'additionner. La production de pétrole a décliné depuis un certain temps, entraînant dans son sillage une récession significative. Les sécheresses estivales se multiplient, réduisant drastiquement les rendements céréaliers. La crise énergétique réduit toutes nos capacités d'adaptation (qui supposent une énergie abondante et bon marché). Les maladies tropicales et les épidémies de grippe se multiplient, mais les infrastructures médicales sont débordées et l'inégalité devant les soins explose. Il ne s'agit plus d'une catastrophe locale mais d'une crise globale, systémique, à laquelle les sociétés humaines peuvent très bien répondre par l'oppression, les guerres et les dictatures. Un scénario de ce type ne serait pas vraiment bon pour le PIB. Le développement des pompes funèbres et des menuiseries fabriquant les cercueils ne compenserait pas les dépôts de bilan en cascade. Ce scénario n'est surtout pas bon pour ceux et celles qui vont le vivre, quoi que fasse le PIB.

« Le malheur grandit ceux qu'il n'abat pas », dit le proverbe. Le changement climatique et le problème pétrolier en 2005 sont des malheurs qui grandissent le PIB sans l'abattre. En 2020, en 2050 ou en 2080, il se pourrait bien que ce soit un malheur qui l'abatte définitivement. De sorte que la question serait plutôt : « Combien de points de PIB accepterons-nous de perdre aujourd'hui pour ne pas tout perdre plus tard ? »

En conclusion de ce premier voyage en terre économique, nous pouvons dire que les instruments qui nous permettent de scruter la bonne santé des sociétés humaines, à savoir la comptabilité et la comptabilité nationale, après avoir longtemps été « vrais », sont devenus « faux ». Ils sont incapables de tenir compte de dégâts futurs, et donc incapables d'intégrer une évaluation sensée des dommages que nous subirons demain du fait de nos actes d'aujourd'hui. Cela n'est pas propre à la France : tous les pays industrialisés ont adopté le même indicateur (le PIB) pour en faire l'étalon-or de l'état du monde. Et, partout dans le monde, on rit volontiers au nez de ceux qui affirment que le PIB peut très bien se porter mieux quand bien même nous courons à notre ruine. Ne comptant que ce que nous gagnons aujourd'hui, sans prendre en compte ce que nous devrons demain, le culte du PIB nous fait prendre nos désirs pour des réalités. De ce fait, les conséquences économiques de notre aveuglement actuel risquent d'être bien plus douloureuses que prévu. L'évolution en cours, si rien de sérieux n'est fait, a toutes les chances de conduire à des crises économiques majeures aux conséquences sociales et politiques franchement désagréables, qui au passage enverront valser le PIB dans les poubelles de l'histoire économique.

6

Le pétrole, des prix cassés toute l'année

La hausse du prix du pétrole en 2004 et 2005 a déjà contribué à une autre hausse : celle des analyses et des explications sur la fixation du prix de ce précieux liquide et sur son évolution future. La lecture de cette abondante documentation conduit vite à une troisième hausse : celle de la confusion dans l'esprit du citoyen lambda. Il est cher, ou pas, ce précieux liquide ? Va-t-il baisser, parce que la prospection va repartir, ou monter, à cause des Chinois ? Avons-nous 40 ans de réserves, ou la pénurie est-elle pour demain ?

A qui se fier dans ce flot d'affirmations contradictoires ? Aux experts ? Aux dirigeants des groupes pétroliers ? Aux analystes des banques ? Aux dirigeants des pays producteurs ? Là comme ailleurs, en fait, la meilleure recette est encore de s'en remettre à son propre jugement, après une analyse soigneuse du dossier. Histoire de nous mettre en appétit, commençons par rappeler qu'il n'y a pas *un* prix du pétrole. D'abord parce qu'il n'y a pas un pétrole, mais autant que de lieux de production, avec des propriétés physiques pouvant être fort différentes, et des possibilités d'utilisation tout aussi différentes. Ces divers pétroles n'ont ni les mêmes vendeurs, ni les mêmes acheteurs, et souvent ne sont pas échangés sur les mêmes marchés : tout cela fait autant de prix différents. Enfin, il convient de distinguer entre le prix du brut et celui des produits transformés : de l'un à l'autre, il s'en passe des choses ! Et, pour tout compliquer, le prix du pétrole dépend du moment où il sera livré. S'il est acheté aujourd'hui pour être livré plus tard (dans un mois, trois mois, un an...) on parle de « prix à terme », par opposition au prix « spot », qui désigne un pétrole qui change physiquement de mains au moment où il est payé.

Afin de mieux comprendre ce qui fait varier les prix du pétrole, commençons donc par analyser l'augmentation des prix en 2004-2005. En effet, tous les « coupables » de cet épisode-là préfigurent ceux que nous trouverons sur le banc des accusés en d'autres occasions. Ces coupables comprennent d'abord des événements qui ont diminué l'offre :

– la mise hors service de certaines installations en Irak à la suite de la guerre dans ce pays,

– les attaques (terroristes ou autres) sur certaines infrastructures pétrolières, ou qui entretiennent l'insécurité dans certaines zones de production,

– les mesures prises ou assurances souscrites pour éviter ou couvrir à l'avance les coûts des attaques,

– les ouragans et les perturbations climatiques (Katrina et Rita aux États-Unis, en 2005),

– les troubles politiques dans les pays producteurs (la

Russie et l'affaire Ioukos, les tensions au Nigeria, au Venezuela...),

– l'OPEP qui ouvre plus ou moins les vannes en fonction du prix de marché désiré, tant que nous sommes dans une situation où il existe une capacité de production inemployée, bien sûr,

– enfin, l'insuffisance des capacités de raffinage, qui ne contribue pas directement à faire monter le prix du brut, mais contribue assurément à faire monter le prix des produits raffinés, qui sont ceux que nous achetons.

Ensuite, c'est au tour des événements liés à la demande d'avoir contribué au crime de lèse-prix du pétrole de 2004 et 2005 :

– la croissance de la consommation des pays développés ; même si « l'efficacité de l'économie » a tendance à augmenter, et même si la croissance européenne a parfois été traitée d'anémique, cela n'empêche pas la consommation globale de pétrole de croître !

– le développement très rapide de la Chine et de l'Inde ; à titre d'illustration, le parc automobile chinois a crû de 50 % depuis 2000,

– plus marginalement, la constitution de stocks stratégiques un peu plus élevés du fait des tensions politiques internationales,

– les spéculateurs qui font monter les prix artificiellement.

A ce stade des débats, la partie civile, qui soutient que le prix du pétrole va redevenir raisonnable, réclame d'autres témoignages. Les témoins clés se présentent à la barre et affirment :

– que les prix élevés vont relancer l'exploration, et conduire à la découverte de nouveaux gisements (notons que cela n'a pas fonctionné longtemps suite aux chocs de 1974 et 1979),

– que les progrès technologiques permettront de mieux « racler » les gisements (il y a cependant une limite physique à cette évolution, atteinte quand le coût énergétique de l'extraction devient supérieur au contenu énergétique du pétrole extrait),

– qu'un prix élevé du pétrole va rendre le recours au charbon économiquement rentable, et du coup plafonner ce prix du pétrole.

Malgré cette avalanche de pièces à examiner, notre tribunal sera toujours hésitant pour rendre son verdict, faute de disposer de données irréfutables sur le volume des réserves. Rappelons que ces réserves ne sont que de simples déclarations, et qu'aucun commissaire aux comptes ne va les vérifier nulle part dans le monde. Mieux, la Russie a voté en 2002 une loi qui punit de 7 ans de prison quiconque révèle les réserves de gaz et de pétrole russes ! Même la production et la consommation quotidiennes de pétrole ne sont pas exactement connues. Ce flou artistique, découlant pour partie d'une volonté d'opacité de certains acteurs, engendrera nécessairement des surprises, et donc des variations brutales de prix de marché. En 2005, par exemple, les opérateurs sur les marchés ont découvert tardivement la faiblesse de la marge de manœuvre entre la production et la consommation : les prix se sont mis à grimper en flèche. Or, il y a fort à parier que les marchés ne sont pas en permanence au courant de tout, ce qui laisse augurer de variations plus ou moins brutales des prix à l'avenir. Pour certains analystes, du reste, la seule certitude qu'on ait sur les prix est leur grande volatilité. Un coup d'œil sur les prix du pétrole de longue période montre que ceci n'est même pas vrai en toute rigueur : en dollars constants, seul étalon pertinent sur une longue durée, le prix est resté remarquablement stable, à un niveau vraiment bas, pendant près d'un siècle. Nous nous sommes tellement habitués à cette quasi-gratuité, qui a duré trois générations et accompagné tout le développement industriel, que le choc de 1973 nous a vraiment cueillis à froid. Il est vrai que depuis ce chahut des années 1970, le prix du pétrole ne sait plus se tenir.

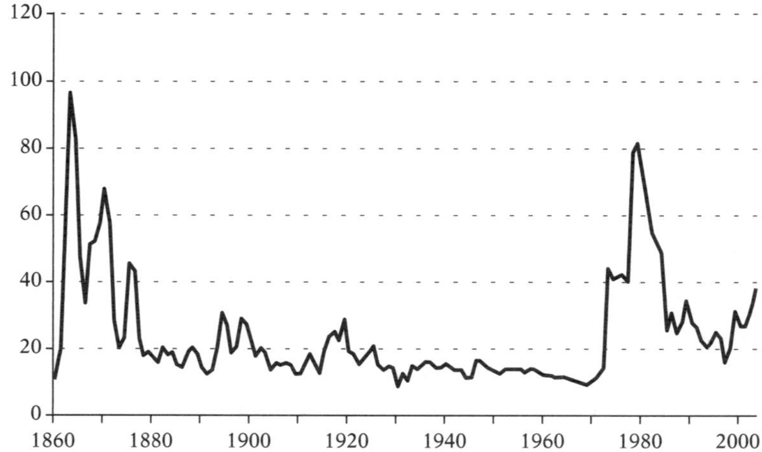

Prix du baril depuis 1860 en dollars constants de 2004. Source : *BP Statistical Review*, juin 2005.

Qui paye quoi à qui ?

Nous voici donc en possession de quelques éléments sur le prix du brut, mais cela ne nous dit toujours pas ce qui est payé, et à quel titre, quand on achète un baril du précieux liquide. Rappelons que l'on ne paie pas la nature quand on extrait du pétrole de ses entrailles, ou quand on brûle un litre de fioul dans une chaudière. La nature nous donne gratuitement les hydrocarbures, et tout ce que nous payons, c'est l'activité – ou l'avidité ! – humaine qui prend place à diverses étapes de l'affaire :

– le propriétaire du sous-sol (en règle générale un État, mais pas toujours) demande aux compagnies pétrolières de payer une redevance sur chaque baril extrait ;

– la même compagnie doit payer les fournisseurs de matériel de prospection et d'extraction ;

– il faut payer le transport vers les raffineries ;

– il faut payer le constructeur de la raffinerie, les salaires des ouvriers raffineurs, bref toute la chaîne de transformation du pétrole vers ce liquide magique qui fait avancer notre belle voiture ou réchauffe notre bureau, sans parler des mille et un usages des produits raffinés (cires, détergents, plastiques, bitumes, huiles, engrais, textiles de synthèse, et autres broutilles) ;

– il faut transporter ces produits raffinés vers les lieux de consommation, avec des étapes intermédiaires de stockage ;

– enfin à tous les étages il faut payer les actionnaires

(qui peuvent être des États, lorsque l'opérateur est public), qui réclament un petit quelque chose en plus.

La pièce de théâtre « comment se forme le prix du pétrole » voit également intervenir toute une série de seconds rôles : juristes, assureurs, courtiers, publicitaires, informaticiens, ou chercheurs, contribuant tous pour une partie plus ou moins grande au prix du baril. Au final, l'exploration représente 2 à 4 dollars par baril en moyenne (source Shell), et l'exploitation entre 1 et 10. Lorsque le pétrole sera devenu un litre de fioul ou d'essence, nous aurons payé aussi, bien sûr, des taxes pour avoir le droit de l'acheter. L'essence et le gazole supportent la fameuse TIPP, outre la TVA, mais la France ne fait pas exception en Europe : les taxes constituent aussi la partie dominante du prix des carburants pour l'usager de Milan à Copenhague. Le gazole est par exemple taxé à hauteur de 68 centimes par litre au Royaume-Uni, 47 centimes en Allemagne, 42 en France … et 24,5 chez les Grecs, les taxeurs les plus timorés.

Si nous partons du prix d'un litre d'essence à la pompe, voici au final ce que nous payons et à qui (sur la base de 1 euro à 1,2 dollars) :

– 2 centimes servent à trouver le pétrole et à le faire sortir de terre ;

– 1 centime sert au transport du brut ;

– 23 centimes sont payés sous forme de redevances aux pays producteurs ;

– 16 centimes paient le raffinage et la distribution ;

– enfin 42 centimes (TIPP) et 18 centimes (TVA) vont dans les caisses de l'État (et selon nous ce n'est pas assez !).

Dans cet ensemble, le bénéfice de l'opérateur ne représente que 0,1 à 0,2 centime par litre. On peut bien le ramener à zéro, suivant en cela le regard de certains ministres de l'Économie stigmatisant les profits des compagnies pétrolières, ça ne change pas grand-chose à ce que paie le consommateur ! Mais bon, un peu de démagogie n'a jamais fait de mal en démocratie, et du reste c'est souvent nous-mêmes qui poussons à la roue.

Le prix du pétrole brut s'avère donc très supérieur à son « coût technique » : les taxes dans les pays consommateurs et les redevances aux pays producteurs (qui ne sont rien d'autre que des taxes) constituent l'essentiel de ce que paie le consommateur. Mais surtout, entre le moment où le producteur dispose du pétrole et le moment où il le vend, le prix auquel quelqu'un sera disposé à l'acheter peut avoir changé, en application de la fameuse loi de l'offre et de la demande. Cette dernière, parfaitement simple en théorie, se complique à plaisir dans la pratique : si le prix monte, les producteurs alléchés par la perspective de juteux profits vont essayer d'augmenter leur production, mais la hausse de prix va par ailleurs tasser la demande. Il y a à tout moment un prix qui met à peu près tout le monde d'accord : plus cher, il n'y aurait pas assez d'acheteurs intéressés, et plus bas il n'y aurait pas assez de producteurs pouvant fournir.

Une notion économique caractérise les variations de la demande quand le prix monte ou descend : l'élasticité. Même si Jacques Tati nous avait appris que « le cours du caoutchouc est élastique », ce n'est pas du tout le cas pour le pétrole : une augmentation des prix fait très peu bouger la demande de pétrole à court terme. Cette très faible élasticité est la manière scientifique de caractériser notre addiction au pétrole. De tous ses usages, le transport est de très loin le plus « inélastique », comme l'ont montré les conséquences des chocs pétroliers de 1974 et 1979. Il se calcule facilement que si nous conservons l'élasticité actuelle à l'avenir (avec laquelle il faut monter le prix de 25 % pour que la demande baisse de 1 %), ce qui est bien sûr une hypothèse qui se discute, il faudrait multiplier le prix par 7 pour que la demande baisse de 8 % !

La question de l'élasticité est l'objet de débats sans fin chez les économistes. En effet, à un instant donné le prix est ce qu'il est et la demande est ce qu'elle est : on peut tenter d'imaginer ce que serait la demande si le prix était différent, mais on ne peut pas faire d'expérience pour le vérifier. Or toute prévision de prix à long terme est nécessairement dépendante d'hypothèses sur l'élasticité. Et un écart assez faible sur le chiffre retenu pour cette élasticité conduit à un écart final très important sur le prix à terme : si un prix en hausse de 25 % fait baisser la demande de 1,15 % plutôt que de 0,85 %, le prix du baril faisant baisser la demande de 8 % passe du simple au double ! Spéculer sur le prix à long terme du pétrole est donc plus que périlleux, ce que montre bien l'histoire, qui est jonchée de prévisions erronées sur ce sujet. Un rapport du Conseil d'analyse économique, présenté au Premier ministre le 18 janvier 2001, voyait le brut à 21 dollars (en dollars constants 2000) jusqu'en 2010 et 28 dollars (2000) jusqu'en 2020. A la fin des années 1990, l'Agence internationale de l'énergie imaginait un pétrole à 17 dollars (2000) sur la période 2000-2010, puis à 20 dollars en 2015, pour arriver ensuite à 25 dollars en 2020. En poussant un peu le bouchon (mais pas tellement), nous pourrions écrire que si l'économie avait une capacité prédictive, cela se saurait !

Mais cette saine prudence ne doit quand même pas faire oublier que la production pétrolière va passer par un maximum puis décroître en tendance longue. Dans un tel contexte, comment ne pas envisager que le prix du pétrole montera, très fortement puisque l'élasticité est faible, jusqu'à ce que la demande soit « calmée » et ramenée au niveau de la production déclinante ? Pour éviter un choc trop brutal, les producteurs pourraient tenter de tirer plus fortement sur les réserves pour maintenir la production. En pareil cas, il est tout aussi indiscutable que la chute sera encore plus dure : la décroissance de la production sera encore plus rapide, et l'écart entre la demande souhaitée et la production possible encore plus élevé. Si nous ne limitons pas volontairement la consommation de pétrole, une forte hausse de son prix ne sera évitée que si survient un événement diminuant le nombre de consommateurs ou leur envie de consommer plus vite que la production : une épidémie massive, une crise économique mondiale durable (causée par le prix de l'or noir ou par autre chose), une guerre atomique massive, la chute d'un météorite, ou... peut-être le miracle énergétique pour ceux qui n'ont pas lu le chapitre 3 !

Myope comme le marché

Il existe néanmoins une autre école, qui considère que les prix ne vont pas bouger brutalement, parce que le marché intègre déjà pour partie la pénurie à venir. Certes, les marchés ne sont pas complètement aveugles, mais ils sont fortement myopes, et ne voient pas tellement plus loin que le bout de leur nez. Dans le domaine des actions, il est facile de voir que les cours dépendent davantage des résultats passés que des bénéfices futurs, malgré ce que voudrait la théorie. Mieux, un chercheur a montré que la Bourse s'oriente plus souvent à la hausse… quand il fait beau ! En outre, les marchés sont capables de mouvements très erratiques quand les opérateurs pétroliers font une découverte à laquelle ils ne s'attendaient pas. Si les marchés anticipaient parfaitement ce qui va se passer, le prix serait parfaitement stable, puisque tous les résultats à venir seraient déjà connus : à l'évidence, ce n'est pas tout à fait le cas.

Si l'existence des marchés a ses avantages, il faut donc se garder de leur rendre un culte quotidien en tant que régulateur suffisant de l'économie, comme le prône trop souvent une regrettable mode intellectuelle qui s'est installée dans les années 1970, et selon laquelle « le marché » aurait toujours raison. Cette mode « libérale », pour l'appeler par son nom le plus usité (bien qu'impropre), rend ceux qui s'y soumettent aveugles à des évidences criantes. La première est que, fonctionnant sur la base de l'indicateur monétaire, le marché hérite de toutes ses limitations, et ignore la dégradation future des actifs naturels. La seconde est que l'État n'intervient que pour la définition des règles du jeu au départ, mais ne joue ensuite plus aucun rôle dans la fixation des prix. De ce fait, et pour attirantes qu'elles soient aux pays émergents (l'Inde et la Chine, entre autres), les économies de marché sont capables d'engendrer des crises majeures, telle celle de 1929, apparue dans le pays le plus libéral du monde. En fait, la société de marché, pendant économique de la démocratie, amplifie l'évolution du moment : elle permet que ça aille encore mieux quand ça va bien, mais précipite la chute, faute d'autorité forte pour stabiliser les choses, quand cela commence à aller mal. Ce n'est pas par hasard si les sociétés capitalistes ont progressivement mis en place des mécanismes de transferts sociaux pour tempérer cette dureté sociale, et des mécanismes de régulation économique pour limiter l'ampleur des cycles et la violence des crises, créant un peu partout une social-démocratie qui est devenue le vrai modèle dominant, n'en déplaise aux tenants du marché pur et dur.

Benoît Mandelbrot, célèbre père des « fractales », a également travaillé sur le comportement des marchés financiers et des marchés de matières premières (il a étudié notamment très en détail le marché du coton et le marché boursier). Il a observé que ces marchés ne se comportent pas comme le voudraient bien des économistes s'appuyant sur des modèles utilisés tous les jours dans les salles de marché. N'ayons pas peur de nous faire quelques ennemis : bien des modèles sont utilisés non parce qu'ils sont justes (c'est-à-dire permettent de faire des prévisions toujours confirmées par l'expérience), mais parce que ce sont les seuls disponibles ! Nous retrouvons là une propension bien humaine à se servir à toute force de ce que l'on possède, même si c'est inapproprié. C'est exactement le même penchant qui nous fait utiliser le PIB dans des raisonnements où il n'a rien à faire, simplement parce que nous n'avons pas d'autre indicateur sous la main. Les travaux de Mandelbrot confirment aussi que les cours n'intègrent pas toutes les informations pertinentes. Rien que de très normal, finalement : à moins d'imaginer que la magie y règne, on ne voit pas comment le marché, qui n'est en fait qu'une somme d'individus se comportant pour certains de manière assez moutonnière, pourrait intégrer des informations inconnues, ou cachées ou contestées, pour des raisons plus ou moins avouables, par certains acteurs majeurs...

Dans la pratique, les marchés sont donc intrinsèquement incertains et plus risqués que ne le donne à penser la théorie orthodoxe. Ils conduisent inévitablement à la formation de « bulles », situations où les prix atteignent des sommets avant de s'effondrer. La crise de 1929 a commencé par l'éclatement d'une bulle boursière. Le Japon a mis des années à se remettre de l'éclatement de la bulle immobilière et boursière de la fin des années 1980, et le crash de Wall Street en 2000 a été la conséquence de l'éclatement de la bulle Internet. L'augmentation brutale du prix du pétrole n'est-elle pas la formation d'une *bulle pétrolière* qui va finir par nous exploser au visage ?

Le problème se complique par le fait que, comme nous l'avons vu plus haut, le pétrole (c'est aussi vrai pour le gaz et le charbon) s'achète soit avec livraison « tout de suite », soit avec livraison « plus tard ». Ces marchés ont été créés au début des années 1980, après les chocs pétroliers qui avaient vu les cours devenir erratiques, avec comme objectif de créer de la stabilité. Le principe de l'achat à terme est que l'acheteur peut convenir tout de suite du prix du pétrole dont il prendra physiquement possession plus tard. De la sorte, si le prix monte de manière forte après que le contrat est conclu, l'acheteur n'en subira pas les conséquences. Mais, par un effet pervers non entrevu à l'époque, ce que l'on pensait être un mécanisme de couverture des risques a engendré un risque bien plus important encore. En effet, ce droit d'acheter du pétrole plus tard à un prix convenu tout de suite peut lui-même s'acheter ou se vendre, sans qu'il y ait alors de transaction physique (on parle alors de « pétrole papier »). Ce droit s'achète bien sûr en payant beaucoup moins cher que le prix du pétrole sur lequel il porte (quelques %), bien que le risque, lui, puisse être bien supérieur. En effet, si le prix du pétrole baisse, le droit d'acheter plus tard à un prix élevé ne trouve pas acquéreur. Le dernier qui en a pris possession est alors obligé d'acheter à l'échéance un pétrole qui vaudra plus cher que son prix de marché du moment, avec une perte qui peut être très supérieure à sa mise. Comme ils permettent de « jouer » des hausses ou des baisses futures, ces instruments ont paradoxalement permis de faire une plus large place aux spéculateurs : banquiers (pour leur propre compte) ou fonds de placement. Les transactions papier sont devenues bien plus nombreuses que les transactions réelles : une étude récente de l'*Executive Intelligence Review* a établi que, pour 570 barils papier échangés, il n'y a qu'un seul baril de pétrole réel ! Les produits dérivés contribuent donc à une meilleure couverture des risques individuels, mais à une nette augmentation du risque global.

Le coming-out des coûts cachés doit avoir lieu

Le marché n'est donc pas un dieu vivant, et le prix de marché ne l'est pas davantage. Les annonces rassurantes relayées parfois dans les médias d'une baisse du prix du baril à 40 dollars, au nom d'un marché qui va connaître une baisse transitoire de la demande, nous rassurent à trop bon compte. Au fond, elles sont dangereusement irresponsables et infantilisantes. Il est plus que temps d'expliquer que l'ère du pétrole bon marché est fondamentalement terminée, et que, même si une rémission temporaire était possible, nous devons tout faire pour l'éviter, de peur que cela ne nous fasse encore perdre un temps précieux dans notre course contre la montre engagée avec le changement climatique. Il est plus que temps pour chacun d'entre nous d'en prendre conscience. Nous sommes face au mur et devons nous organiser individuellement et collectivement pour réclamer une énergie chère. Il n'est pas normal que, dans un système économique où la théorie enseigne que ce qui est rare doit être cher, un liquide que la nature a mis des dizaines de millions d'années à former, qui n'est pas renouvelable, qui commencera à manquer dans 10 ou 20 ans, et qui détraque le climat, vaille mille fois moins cher que le travail humain en Occident !

La pilule est certainement plus facile à avaler si nous comprenons que nous bénéficions d'un pétrole incroyablement bon marché parce que nous refusons d'en payer le vrai prix. Il est pourtant considéré comme normal de payer pour la pollution que l'on occasionne à autrui, quand la cause et la conséquence sont proches dans le temps et dans l'espace. Ainsi, un industriel qui utiliserait gratuitement une eau de rivière et la rejetterait polluée sera prié de payer pour dépolluer cette eau avant de la rejeter. Si rien ne l'y contraint, il ne paiera rien, et laissera alors « les autres » payer la dépollution à sa place. Dans ce cas, le coût des dégâts collatéraux qu'il provoque n'est pas intégré dans les prix de revient de l'industriel, et donc pas plus dans ses prix de vente. S'il faut dépolluer à bref délai de toute façon, ce que le consommateur économise sur le prix du produit, il le paiera, généralement plus cher, comme consommateur d'eau. Morale de l'histoire : souvent, l'optimum économique consiste à éviter la pollution, en faisant porter la charge de l'évitement de la pollution sur celui qui l'engendrerait, plutôt que de faire payer (pas nécessairement aux mêmes, et c'est bien là le problème) le coût des conséquences et de la remise en état.

L'amiante offre un autre exemple intéressant : quand

ce produit était utilisé massivement comme isolant, son prix n'a jamais intégré l'ensemble des coûts liés aux maladies et aux décès constatés aujourd'hui. Si les producteurs avaient eu à payer par avance une fraction de ce coût de dommages, le prix de l'amiante aurait été à l'évidence beaucoup plus élevé et son usage aurait été beaucoup moins répandu…

La multiplication des exemples montrerait encore plus qu'il vaut toujours mieux faire porter une petite charge sur le pollueur – donc *in fine* au consommateur – pour réduire la pollution à la source, plutôt que d'imposer une grosse charge à la victime ensuite. Les énergies fossiles ne font pas exception à cette règle, qui engendrent de multiples pollutions non payées ou très peu payées par l'utilisateur :

– à l'apéritif, nous trouverons la destruction des sites d'extraction, la pollution marine liée au dégazage et au naufrage des tankers en mer et aux inévitables fuites de l'extraction offshore, la pollution atmosphérique dans les lieux d'extraction et de raffinage, et la pollution des sols dans les lieux de stockage ;

– en entrée, la pollution atmosphérique due aux centrales thermiques (les célèbres pluies acides étaient en partie dues à cette pollution), la pollution atmosphérique dans les villes et les accidents de la route (et le gros million de morts annuels qui résulte de tout cela), la destruction des espaces naturels liés à la réalisation des pipelines pour transporter le pétrole, des routes et autoroutes pour faire rouler nos voitures ;

– et, en plat de résistance, la déstabilisation sociale

des sociétés industrielles au moment du « pic de production », avec les éventuels régimes totalitaires qui pourraient en découler, et enfin l'effet de serre et ses conséquences futures sur le climat, puis sur nous-même.

L'addition liée à la fin du repas est incalculable en toute rigueur, mais nous sentons bien qu'il ne faut pas avoir peur de parler de milliers de milliards d'euros, si ce n'est plus. A l'évidence, le prix actuel de l'essence ou du gazole (ou du fioul domestique) ne tient que très peu compte du début du repas, et pas du tout de sa fin. En outre, nous déjeunons à crédit : ce sont nos enfants et petits-enfants qui paieront, d'une manière ou d'une autre, le gros de la facture à notre place. Les « générations futures » concernées par le problème, nous les avons hélas sous les yeux tous les jours.

Dans un autre registre, nous dépendons tellement du pétrole et des énergies fossiles que nous sommes prêts à payer très cher pour tenter d'en contrôler et garantir l'approvisionnement. Les motivations de George W. Bush étaient très certainement dominées par les conséquences du 11 septembre quand il a lancé la guerre contre l'Irak, mais la présence de 10 % des réserves pétrolières mondiales chez Saddam a probablement pesé d'un petit quelque chose dans la décision du président américain. Quant à l'intervention de son père au Koweït après la tentative d'invasion de ce pays par l'Irak en 1990, elle avait assurément une motivation pétrolière. Plus près de nous, les risques d'un conflit en Iran sont-ils indépendants des réserves de gaz abondantes (à peu près 10 % du total mondial) détenues par ce pays ? Pauvre Corée du Nord, où sévit un dictateur affamant une partie de sa population, ayant l'arme atomique (plus fort que Saddam qui n'en avait pas), mais qui n'a pas la moindre goutte de pétrole !

De nombreux conflits des décennies passées sont clairement liés à la maîtrise de l'énergie fossile, à commencer par les conflits de voisinage autour de la Lorraine charbonnière à la fin du XIXe et au début du XXe siècle. Or, le coût des armées garantissant la sécurité des approvisionnements n'est clairement pas inclus dans le prix de l'essence à la pompe. Et il ne s'agit pas de peccadilles : la guerre en Irak aura coûté, fin 2005, 200 milliards de dollars aux États-Unis. Rapporté aux barils produits en Irak (en gros environ 2 milliards de barils sur ces deux ans), cela représente 100 dollars le baril. Même en considérant que cette opération a « sécurisé » l'approvisionnement de tout le Moyen-Orient (ce qui, sur le long terme, n'est pas certain !), cette région ayant produit environ 18 milliards de barils en 2 ans, cela fait encore 12 dollars par baril, à comparer à un coût d'extraction de l'ordre de 5.

Il serait facile de trouver d'autres exemples montrant que le prix du pétrole et des énergies fossiles n'intègre pas les dégâts collatéraux présents et futurs, ni tous les éléments qui sont simplement nécessaires à sa fourniture aujourd'hui. Il n'est donc pas exagéré de dire que ce prix est complètement faux : il est beaucoup trop bas. N'est-ce pas ce qu'on dirait du prix de l'héroïne si tout le monde pouvait s'y mettre ? 50 dollars le baril (ou même 100), c'est un très mauvais panneau de signalisation, car il nous indique une route qui a toutes les chances de se terminer au-dessus d'un précipice. Nos sociétés semblent dépendre un peu moins du pétrole que dans les années 1970 ? Fariboles ! L'ensemble de l'économie mondiale est organisé autour d'un baril à moins de 100 dollars et surtout autour de 100 millions de barils par jour, en ordre de grandeur. Si le prochain choc pétrolier de grande ampleur se termine comme la crise de 1929, ou pire, combien vaut le chaos pour nos enfants en 2040, rapportée au litre d'essence ou de kérosène consommé aujourd'hui ?

7
La taxe, sinon rien !

Avant de proposer ce qui semble être la voie de la raison, il est sans doute utile de faire une halte et de résumer le chemin parcouru jusqu'ici.

– Nous nous approchons des pics de production du pétrole et du gaz, donc du moment où l'offre déclinante va fortement contraindre la demande (sauf impact de météorite, grippe aviaire, ou autre). Une hausse massive et brutale du prix des hydrocarbures, dans un avenir relativement proche, semble donc possible sinon probable.

– La consommation d'hydrocarbures, et les émissions de gaz à effet de serre qui en découlent ne sont pas seulement l'affaire des industriels (qui travaillent pour nous) : 50 % de la pollution climatique vient des ménages.

– Pour éviter de faire un grand saut dans l'inconnu climatique, nous devons réduire de 75 % nos émissions de CO_2 en France, ce qui interdit le recours au charbon quand le pétrole viendra à poser problème.

– Tocqueville avait prévu en 1840 qu'en démocratie les hommes deviendraient individualistes, perpétuellement insatisfaits de leur sort, se souciant surtout de consommation, très peu du long terme, tout en reprochant à leurs élus de ne pas s'en soucier plus qu'eux. Bien vu : totalement obnubilés par notre « droit à consommer sans entraves », nous ne prenons absolument pas le chemin de la réduction volontaire de la consommation de combustibles fossiles. Les engagements de Kyoto sont largement insuffisants, ne seront pas tenus (notamment par les États-Unis), et le « plan climat » français reflète clairement que la priorité (qui est celle de la population) est à la consommation croissante tant que ça passe – peu importent les conséquences –, non à la précaution croissante.

– A prix de l'énergie constant ou en baisse, nous ne serons pas sauvés par la technique.

– Nous ne serons pas davantage sauvés par l'apparition d'une conscience citoyenne dans un monde économique inchangé, même si nous sommes tous persuadés que la prolongation des tendances actuelles prépare des événements en comparaison desquels l'Apocalypse est une aimable plaisanterie.

– Nous jugeons de la bonne santé du monde à l'aune d'un indicateur inapproprié (le PIB), et formons le prix de marché du pétrole en ne regardant qu'un tout petit morceau de ce qui est physiquement associé à son usage. En clair, le PIB est faux, et le prix du pétrole est faux.

La taxe, nouvel espoir

Après cette pluie de mauvaises nouvelles, où tourner le regard pour trouver un coin de ciel bleu ? La solution risque de surprendre : vers l'impôt ! Autant ne pas se cacher derrière son petit doigt : si ce que nous proposons ne résout pas tous les problèmes évoqués ci-dessus, il nous semble impossible de sortir du pétrin dans lequel nous nous fourrons chaque jour un peu plus sans augmenter progressivement les taxes sur les énergies fossiles.

Le premier avantage d'une taxe – accessoire ou capital selon les individus – est la garantie d'un effort réparti entre tous, et non fonction du seul bon vouloir des individus. Il sera certes plus coûteux de s'acheter une voiture, un nouveau petit haut, ou d'aller aux Seychelles, mais tout le monde sera logé à la même enseigne. Difficile de se faire à cette idée ? Peut-être, mais il ne faut pas s'imaginer que nous pourrons apitoyer l'huissier quand il viendra recouvrer le complément de facture de tout cela chez nos enfants : l'huissier sera mandaté par la physique, qui ne s'embarrasse pas de sentiments.

Le deuxième avantage d'une taxe progressivement plus élevée sur une denrée épuisable est de « prendre de court », par la diminution de consommation qu'elle engendre, une diminution involontaire qui a toutes les chances d'être plus brutale dans sa traduction monétaire. C'est une chose d'augmenter le prix de l'essence d'un facteur 2 ou 3 en un an, comme le fait un choc pétrolier un peu violent, c'en est une autre d'étaler cette hausse sur 15 ou 20 ans. Cela fait des décennies que les États-Unis ont une essence moins taxée que la nôtre. Cela nous empêche-t-il de rouler ? Non, mais nous avons adapté notre industrie automobile – ce qui prend du temps – à une essence plus chère, et avons des moteurs plus petits. Notre bonheur est-il plus petit pour autant ?

Aujourd'hui, une hausse brutale des hydrocarbures survenant à bref délai prendra clairement beaucoup de monde de court, car peu de gens ont raisonné à prix croissant de l'énergie pour l'avenir en achetant un logement, une voiture, ou en choisissant leur emploi. Avec une fiscalité chaque année un peu plus élevée, au contraire, chacun verra le coup venir, et il sera alors naturel de procéder à des investissements qui permettront d'atténuer, voire d'évacuer le problème. Au niveau des individus, ce sera l'isolation des logements, le remplacement de la grosse voiture par une plus petite, ou par la marche à pied, le vélo, et le train – et surtout moins de bougeotte. Les entreprises réorganiseront leur logistique de manière préventive, changeront progressivement de procédés et de produits vendus, relocaliseront certaines activités, construiront leurs futurs entrepôts près d'une voie de chemin de fer et non à côté d'un nœud autoroutier ou d'un aéroport, abandonneront le plastique pour le bois, rendront les objets plus facilement réparables (et assureront les réparations). Les États, quant à eux, planifieront l'occupation de l'espace en fonction d'un transport devenant de plus en plus cher, et non de plus en plus bon marché comme nous l'avons fait depuis un siècle ; ils « pousseront » le recours aux renouvelables (bois, soleil, géothermie pour l'essentiel) et à l'électricité nucléaire pour assurer une partie sans cesse croissante d'une consommation d'énergie qui devra baisser pendant un certain temps. Tout cela, seule une hausse progressive et annoncée du prix de l'énergie fossile (et même de l'énergie tout court) permettra de l'obtenir.

Deux mots sont essentiels dans cette affaire : durée et progressivité. La durée, c'est la garantie de conserver un signal identique pendant… l'éternité. Les énergies fossiles doivent devenir de plus en plus chères, et ne jamais redevenir bon marché, du moins avec quelques milliards de consommateurs sur Terre. La durée, cela suppose encore que les élus ne remettent pas en cause cette hausse, et donc que s'installe un consensus au sein de la population, comme dans le cas de notre système de retraites. Il nous faut donc persuader 30 millions de Français que payer l'énergie de plus en plus cher est aussi nécessaire que de payer des cotisations de sécurité sociale. Quant à la progressivité, elle implique qu'il est hors de question de reproduire un choc de marché avec la fiscalité, et qu'il ne faut surtout pas doubler demain matin le prix du gaz, du fioul ou de l'essence, mais l'augmenter de quelques % – en termes réels, c'est-à-dire en plus de la hausse du pouvoir d'achat – tous les ans, jusqu'à ce que nous soyons débarrassés des problèmes les plus redoutables.

Une révolution en douceur

Une telle évolution va bien sûr faire des « perdants » : à terme, il y aura moins de chauffeurs routiers, moins de grandes surfaces et d'industries expédiant leurs marchandises aux quatre coins du monde, moins d'emplois dans la construction automobile, et moins de consommation matérielle pour chacun d'entre nous. Mais serions-nous prêts à jurer, croix de bois croix de fer, que sans hausse des taxes nous conserverons tout cela très longtemps ? Pensons-nous vraiment que l'expansion des activités humaines – ou leur simple maintien à leur niveau actuel – n'est qu'une affaire de volonté humaine, capable d'échapper aux lois de la physique ? Et, finalement, sommes-nous d'accord pour prendre le risque de ne rien faire ?

Heureusement, cette évolution va aussi – et surtout – faire des gagnants, à commencer par la préservation de la démocratie (une bricole, assurément), la paix pour nos enfants (encore une broutille), et il y aura même des gagnants sur le plan purement économique. Y trouveront leur compte les maçons et les plombiers, les fabricants de matériaux isolants et de chauffe-eau solaires, les magasins de détail et l'emploi qui en dépend (un emploi créé dans la grande distribution en détruit deux à trois dans le petit commerce). Y trouveront encore leur compte les réparateurs de toutes sortes (car cela coûtera progressivement de moins en moins cher de faire appel au travail humain – la réparation – qu'au remplacement de matière – on jette et on rachète) ou les commerçants ambulants que nous verrons peut-être réapparaître (évitant ainsi d'avoir à prendre une voiture pour faire les courses). Se développera aussi une activité économique de « décarbonatation » de l'économie… Au total, aucun économiste sérieux n'a jamais prouvé qu'une augmentation progressive de la fiscalité sur l'énergie soit une mauvaise affaire pour le PIB, c'est-à-dire pour le travail : une énergie plus chère, si elle le devient de manière progressive, ne gêne en rien le paiement croissant de paires de bras.

Une objection intuitive à la taxe vient souvent de notre vie quotidienne de consommateurs. Quitte à payer plus cher, autant attendre que le pétrole devienne cher tout seul ! Pourquoi passer à la caisse dès maintenant, au lieu de le faire plus tard ? Cette réaction somme toute très normale tombe dès lors que nous prenons un peu de recul :

– Attendre la hausse spontanée nous fait perdre la garantie d'amortissement mentionnée plus haut. Avec la taxe, nous contrôlons l'augmentation annuelle ; sans la taxe, nous ne contrôlons plus grand-chose. Si nous confions au marché le soin de s'occuper du problème, il peut très bien le faire… ou ne pas le faire. Qui peut garantir que le prix ne va pas baisser à nouveau dans quelques mois, nous donnant temporairement un signal inverse de ce qui nous attend un peu plus tard, et nous anesthésiant un peu plus avant de nous infliger un choc majeur ? Une hausse prévisible et progressive de ce prix donne de la visibilité et des garanties aux ménages et aux entreprises qui veulent s'organiser pour l'avenir, sans construire sur des sables mouvants. C'est exactement pour cette raison que de plus en plus de grandes entreprises sont demandeuses de régulations sur les prix de l'énergie, régulations que, situation extraordinaire, les pouvoirs publics refusent encore souvent... au nom de l'économie ! De plus en plus d'entreprises comprennent que mieux vaut une contrainte collective, gérable et planifiée, que le brouillard pour tous, avec le risque d'avoir au bout du compte une très mauvaise surprise.

– L'achat du pétrole est un débours net pour l'entreprise France. Une hausse du prix de marché est donc un appauvrissement net du pays. Un passage du baril de 40 à 300 dollars (soit une multiplication par 8, comme entre 1970 et 1980) ferait passer la facture pétrolière de la France de 30 à 250 milliards de dollars à consommation constante, soit environ 20 % du PIB actuel. 20 % du temps de travail serait donc consacré à payer la facture pétrolière, sans parler du gaz, lui aussi importé en totalité, et qui nous coûterait alors entre 5 % et 10 % du PIB à volume constant (car son prix est indexé sur celui du pétrole). Certes, la consommation de pétrole baisserait significativement en pareil cas, mais les valeurs ci-dessus sont éloquentes : c'est entre 20 % et 30 % du PIB qui part « chez les autres » en pareil cas, et ne sert à rien « chez nous ». Nous n'avons pas plus parlé du charbon, ni du prix de toutes les ressources importées qui nécessitent du pétrole pour être produites ou obtenues (minerais, poissons, grumes, tout ce qui est fabriqué ou transporté, etc.). Question : où va notre voiture si l'énergie importée passe de quelques % à 20 % du PIB ? Réponse : pour beaucoup d'entre nous, à la casse, ce qui serait peu de chose si cela n'augmentait le chômage au point de mettre notre démocratie en danger.

– La taxe est en revanche une redistribution nationale, avec de l'argent qui ne quitte pas l'entreprise France : on vous prend des sous dans une poche, mais on vous les remet aussitôt dans une autre, sous forme de salaire si vous êtes fonctionnaire, et sinon sous forme d'infirmières gratuites (même s'il n'y en a pas assez !), de juges gratuits (même s'il n'y en a pas assez !), d'instituteurs gratuits, de policiers gratuits, d'électricité pas chère, de voies de chemin de fer pas chères et bien entretenues (voyez l'état des voies de chemin de fer quand le marché règne en maître, aux États-Unis ou en Grande-Bretagne), de viande payée moins cher (via les subventions à l'agriculture) et de militaires gratuits pour défendre tout cela. Une hausse de la taxe va donc à nos fonctionnaires, puis à nous-mêmes, alors qu'une hausse de prix de marché va essentiellement à MM. Poutine, Chavez et Abdallah. On a beau haïr nos fonctionnaires, il y a une limite, non ?

– Enfin, attendre que le prix monte tout seul nous fait perdre le bénéfice écologique, c'est-à-dire l'essentiel. Quand le manque se fera fortement sentir, nous aurons alors déjà beaucoup émis puisque beaucoup consommé (beaucoup trop, avec le charbon), et à cause de l'effet retard sur le climat nous aurons non seulement l'énergie plus chère, mais en plus toutes les conséquences du changement climatique à supporter, sans coût maximal de dommages qui tienne. L'argument essentiel pour augmenter les taxes est bien d'éviter des coûts futurs exorbitants, qu'ils soient sociaux (comme la perte de la démocratie si cela arrive) ou environnementaux, que nous nous apprêtons à faire payer à nos enfants et leurs enfants sans beaucoup d'états d'âme aujourd'hui.

Imaginons que cette hausse indéfinie de la TIPP soit mise en œuvre dans l'enthousiasme général. Imaginons aussi que les recettes fiscales augmentent en conséquence (c'est raisonnablement sûr, mais pas complètement : la hausse du prix fera baisser la consommation – puisque c'est le but – et l'effet global dépendra de cette fichue élasticité mentionnée plus haut). La taxe sur les énergies fossiles fera alors rentrer de l'argent dans les caisses... et c'est tant mieux. Sans ressources supplémentaires, l'État – qui dépense actuellement 20 % à 30 % de plus qu'il ne gagne chaque année – n'aura jamais les moyens de financer les plans d'envergure qui sont indissociables de tout grand projet de société. En ordre de grandeur, le budget de l'Agence gouvernementale chargée des économies d'énergie, l'Ademe, représente le millième du budget de l'État. Le budget du ministère de l'Écologie et du Développement durable est aujourd'hui de 825 millions d'euros, soit 0,3 % du budget de l'État. Il permet sans doute beaucoup de choses, mais sûrement pas à notre système économique et social de devenir durable.

Avec l'argent tiré d'une hausse du prix de l'énergie fossile (de toutes les énergies fossiles – essence et diesel, certes, mais aussi gaz naturel, fioul domestique, kérosène, charbon, et tout le reste), nous pourrions précisément financer des investissements qui aideraient à faire baisser la consommation d'hydrocarbures. Exemples ? Le bâtiment, d'abord. Les habitations consomment 25 % des hydrocarbures en France (chauffage, eau chaude pour l'essentiel), et dans le monde un pourcentage plus proche de 33 %. Pourquoi donc l'addition est-elle plus salée chez nos voisins que chez nous ? Parce que la moitié de l'électricité mondiale va dans des bâtiments (c'est grosso modo aussi vrai en France), et que notre production électrique, pour le moment, produit peu de CO_2, grâce au nucléaire et à l'hydroélectricité, ce qui n'est pas le cas de l'essentiel de nos voisins, qui utilisent surtout du charbon et du gaz. A l'avenir, le réchauffement climatique va faire baisser les émissions des chaudières, mais il risque fort d'augmenter celles de la production électrique (climatisation), du moins tant que nous ne basculons pas dans le chaos que nous avons si souvent envisagé dans les pages précédentes. Dans un tel contexte, que pouvons-nous faire pour les bâtiments avec l'argent public récolté ?

– Former les maçons, plombiers, architectes, etc., pour qu'ils soient compétents pour isoler les bâtiments contre le chaud et le froid, et qu'ils pensent à l'énergie dès la conception (orientation des bâtiments, épaisseur des murs et des isolants, surfaces vitrées, etc.), ou à l'occasion de tous autres travaux, et plus généralement financer nombre de formations et de diffusions de l'information.

– Inciter financièrement les banques à prêter de l'argent

à taux faibles ou nuls pour l'isolation lourde des logements, laquelle pourrait être rendue obligatoire dans au moins deux cas de figure : à l'occasion des ventes (en général le bâtiment est vide, ce qui permet de travailler vite et efficacement) et pour tous les logements sociaux (qui peuvent facilement s'isoler par l'extérieur, en mettant le bâtiment dans un gros cocon). Incidemment, cette mesure est très sociale, puisque l'on protège les locataires contre de futures variations fortes des charges : ils paieront des loyers un peu plus élevés (à cause des travaux), mais moins de charges, et au total ils y gagneront d'autant plus que l'énergie sera chère. Notons au passage que ceci contribuera positivement à l'activité des banques, ce en quoi les économies peuvent créer de l'activité dans des secteurs qui ne viennent pas nécessairement à l'esprit !

– Aider certains secteurs industriels à mener des recherches sur de nouveaux matériaux isolants, plus écologiques si nécessaire, et plus robustes si nécessaire.

Il y en aura pour tout le monde

Nous pourrions ensuite utiliser cet argent pour aider tous les acteurs économiques (entreprises et ménages) à gérer l'inéluctable modification de l'urbanisme et du système de transport découlant d'une énergie progressivement plus chère.

Aucune activité humaine n'ayant traversé deux siècles d'énergie abondante sans profondément se modifier, aucune ne passera à travers l'évolution que nous proposons sans rien changer. L'agriculture, pour sa part, devra apprendre à utiliser moins d'engrais – ils sont actuellement fabriqués avec du gaz naturel – et peut-être moins de mécanisation (sauf à utiliser tous les biocarburants pour les seuls agriculteurs, ce qui n'aurait rien d'illégitime). Si nous devons préparer le « retour à la terre » de quelques millions de paires de bras (il y avait 6,5 millions d'agriculteurs en France en 1945, contre 600 000 aujourd'hui), il vaut mieux ne pas s'y prendre à la dernière minute !

Certaines technologies stratégiques (géothermie, programmes nucléaires avancés, solaire, certains usages de l'électricité) pourraient aussi bénéficier d'argent public, dont la présence est indispensable pour tout programme national ambitieux. Toutes les « grandes choses » qui ont été faites dans le monde ont bénéficié d'argent public en masse. Imagine-t-on qu'une NASA privatisée aurait pu envoyer des hommes sur la Lune, avec des actionnaires réclamant un retour sur investissement en 6 mois ? Que Boeing ou Airbus auraient pu décoller sans argent public (Boeing n'existerait pas sans l'argent fédéral américain, pas plus qu'Airbus sans les programmes publics français, allemands et anglais qui ont financé ses précurseurs) ? Imagine-t-on un réseau routier ou ferroviaire entièrement développé sur fonds privés ? Si nous voulons basculer vers la civilisation sans fossiles, c'est aussi des grands programmes pour économiser l'énergie qui sont nécessaires, avec une vision et une cohérence venant d'en haut. Les grands programmes sont une fierté pour la nation et sont généralement porteurs d'espoir et de motivation. Si notre jeunesse tourne en rond, n'est-ce pas aussi parce qu'elle se demande à quoi rime l'affaire, dans un système qui a cessé de proposer de nouvelles frontières, et des visions radieuses à 20 ou 30 ans ? Peut-on avoir pour tout projet de société une augmentation du profit semestriel, et pour tout projet personnel un job de vigile à l'hypermarché du coin, en se demandant si on voudra toujours bien de soi dans 6 mois ? Canaliser les énergies dans une stratégie ambitieuse de *rupture*, pour éviter les catastrophes qui nous guettent, ne sera-t-il pas mieux venu que d'attendre que les troubles ne canalisent ces mêmes énergies dans un projet de destruction, comme tant de dictatures l'ont vécu ?

Comme il ne faut pas se voiler la face, cet argent servirait aussi à financer les lourdes et longues reconversions de ceux qui auront du mal à suivre le rythme, car il y en aura nécessairement. Il y a toujours eu de la casse dans l'économie, même – et parfois surtout ! – quand l'État ne s'en mêle pas, et l'histoire nous enseigne qu'un fond de chômage est hélas incompressible. La question est finalement de savoir si nous préférons que la casse soit faite à l'occasion de la fusion entre deux sociétés pour produire plus de plats surgelés et assurer de meilleures retraites aux Californiens, ou si nous préférons qu'elle résulte d'un mouvement d'ensemble pour nous préserver d'un avenir pas vraiment conforme à nos souhaits les plus chers.

L'argent pourra enfin servir à financer un chantier non limité à un seul secteur, mais essentiel à tous, qui sera d'intégrer dans toutes les formations, du collège jusqu'à l'université (sans oublier l'ENA), le fait que le monde a des limites physiques et que l'énergie n'est pas illimitée, aspect encore dramatiquement absent des cursus scolaires. Si l'éducation est censée préparer au monde de demain, n'est-ce pas là une carence majeure ? Il n'est alors pas très étonnant que personne ne considère l'énergie fossile comme une ressource précieuse, et ne voie aucune raison de ne pas construire un nouvel aéroport, le viaduc de Millau, des aspirateurs à touristes aéroportés ou motorisés, des zones d'activité ou des lotissements pavillonnaires en banlieue (qui ont le même effet). Une telle « révolution des programmes » est de toute façon essentielle pour donner du sens à la démarche et renforcer l'acceptabilité sociale de la hausse volontaire du prix de l'énergie. Les esprits chagrins pourront appeler cela de l'endoctrinement, mais nous pourrons répondre que ce n'est que l'adaptation de l'enseignement aux réalités du monde moderne. Si l'École polytechnique se préoccupe du changement climatique, et l'École supérieure de géologie de Nancy des réserves pétrolières, il ne semble pas scandaleux d'imaginer que collèges et lycées fassent tous de même !

Incidemment, c'est donc plus d'État, et pas moins d'État, dont nous avons besoin dans l'époque qui s'annonce. Partout où nous nous tournons, il intervient : dans la hausse de la fiscalité, dans la mise en route des grands programmes, dans le réconfort apporté à ceux qui souffriront des conséquences déjà inévitables de cette transition énergético-climatique.

Cher devant !

Taxons, donc, puisque telle est la voie de la sagesse. La mise en place d'une taxation rationnelle des énergies fossiles doit reposer sur quelques principes simples et logiques :

– Le prix de ces énergies doit devenir indéfiniment croissant pour le consommateur, avec une hausse de quelques % par an en termes réels (c'est-à-dire en plus de la hausse du pouvoir d'achat). Rappelons que c'est le contraire que nous connaissons depuis plus d'un siècle, excepté la période 1973-1980.

– Les produits de la taxe doivent entrer dans le budget général de l'État, même s'ils servent pour l'essentiel à financer des programmes temporaires qui cesseront d'exister quand l'assiette de la taxe aura disparu. En effet, affecter une taxe sur une nuisance à un besoin structurel de financement – les retraites par exemple – crée une dépendance perverse : la suppression de la nuisance – ce qui est le but recherché – supprimera les ressources, et incitera à conserver la nuisance pour conserver les ressources !

– Le niveau de la fiscalité ne doit dépendre que de l'impact négatif sur l'environnement et en l'occurrence des émissions de CO_2, ce qui le rendra simple, lisible, et sans effet pervers de transfert de pollution : tous les combustibles fossiles doivent avoir le même montant de taxes par kilo de CO_2 émis.

– Il faut arrêter les subventions qui incitent certaines professions fortes consommatrices d'énergie fossile à en consommer toujours plus (routiers, pêcheurs, agriculteurs) en leur laissant croire que cela va pouvoir durer indéfiniment, et les aider au contraire à s'adapter au fait inéluctable qu'elles devront se passer à terme de ces sources d'énergie. En clair, on taxe pour tout le monde et on aide ensuite, d'une autre manière, ceux à qui cela pose d'insurmontables problèmes de court terme. Nous ne nous sèvrerons pas des combustibles fossiles sans bousculer quelques personnes, pas plus que la tabagie ne peut baisser sans faire un peu de mal aux buralistes !

– Il faut annoncer clairement l'objectif : l'augmentation de la taxe doit permettre aux prix d'être toujours en hausse, mais de manière progressive et prévisible, pour aider les adaptations de comportement et les investissements inévitables.

– Enfin, il est possible de moduler un peu la TIPP selon le prix du brut (c'est la TIPP flottante) si ce dernier varie trop brusquement, mais à la *seule condition* que cela serve uniquement à mieux lisser une hausse indéfinie du prix des hydrocarbures.

De combien faut-il taxer ? Admettons que nous ayons comme objectif d'augmenter progressivement le prix de l'essence pour qu'il atteigne 3 euros le litre en 2020 (toutes taxes comprises). Admettons aussi que le prix moyen du pétrole à cet horizon soit de l'ordre de 100 dollars le baril. Il s'agit bien ici d'un prix moyen, non du prix qui pourrait être atteint pendant quelques années en cas de choc. Évidemment, notre raisonnement ne vaut que pour autant que le chaos total ne se soit pas déjà emparé de la planète en 2020, précisément à la suite d'un choc majeur, sinon proposer un plan pour l'éviter n'est plus vraiment pertinent !

100 dollars le baril, cela fait environ 0,55 euro le litre d'essence HT. Il faut donc une TIPP à 2,5 euros le litre en chiffres ronds. La TIPP étant aujourd'hui d'environ 60 centimes par litre, il faut donc la multiplier par 4,1 en 15 ans. Or, les mathématiques nous enseignent que pour multiplier un prix par 4,1 en 15 ans, il faut le faire croître de 10 % par an. Comme le pouvoir d'achat augmente par ailleurs de 2 % par an en chiffres ronds, et que la TIPP ne représente pas 100 % du prix de l'essence, cela équivaut pour les ménages à une hausse annuelle du prix de l'essence de 6 % à 8 % en termes réels, ce qui n'est quand même pas l'horreur absolue. Ce l'est d'autant moins que, comme nous l'avons vu, l'absence de hausse volontaire ne signifie en rien un prix restant bas pour l'éternité dans un monde radieux.

Bien entendu, nous taxerons aussi le kérosène, le fioul domestique, le gaz naturel, le fioul lourd, le charbon et plus généralement tout ce qui brûle et qui contient du carbone fossile. Si nous arrivons *in fine* à la même taxe par kilo de CO_2 sur tous les combustibles, cela nous amène à environ 25 centimes de taxe par kilowattheure fossile. Le produit de la taxe, à supposer qu'au bout de 20 ans nous ayons fait baisser la consommation de

30 % (hypothèse d'école), sera alors de plus de 200 milliards d'euros par an. Il y a largement là de quoi boucher notre déficit sans avoir besoin de vendre des sociétés qui n'ont rien à faire sur le marché (suivez notre regard vers EDF), financer tous les programmes industriels ambitieux nécessaires, ainsi que toutes les aides sociales nécessaires pour aider ceux qui en auront le plus besoin à passer le cap. A ce niveau, nous pouvons aussi nous payer le luxe d'aider les industriels soumis à la concurrence internationale à rester en France, de baisser ou supprimer d'autres impôts, par exemple ceux dont le coût de collecte est considérable pour un produit faible, comme la redevance audiovisuelle (ce qui ne signifie en rien qu'il faut supprimer le service public de l'audiovisuel !).

Sans même parler de ses multiples avantages à long terme, une TIPP de plus en plus élevée a aussi, en économie de marché, une fonction de préservation plus immédiate. Comme elle n'est pas basée sur le prix hors taxes (c'est-à-dire le prix de vente du raffineur), mais sur des volumes, elle amortit les variations de prix des hydrocarbures. Si le prix du baril double, la TIPP ne change pas, et le litre d'essence ne voit pas son prix doublé, mais juste augmenté de 23 %. Et plus la part de la TIPP sera importante dans le prix final, plus nous, consommateurs, serons insensibles aux variations des prix du pétrole. Bien sûr, ce raisonnement s'applique aussi au gaz et même au charbon. Et l'effet protecteur s'applique – étonnamment – aussi aux constructeurs automobiles, si nous comparons ce qui s'est produit en

Europe et aux États-Unis fin 2005. Répercutant instantanément un coût devenant excessif, le consommateur américain s'est détourné des 4 × 4 aussi vite qu'il s'était précipité dessus, entraînant une chute rapide des ventes des deux grands constructeurs américains, pendant que leurs « collègues » européens, commercialisant des voitures plus petites, auprès de consommateurs habitués à des carburants plus chers, ont bien moins souffert.

Évidemment, il serait souhaitable qu'une telle démarche devienne progressivement mondiale, harmonisant ainsi le niveau de taxe pour éviter la création de « différentiels de compétitivité » pour les industries qui peuvent facilement se délocaliser (et qui ne sont pas si nombreuses que cela, en fait). Il est tout aussi évident que si nous attendons que les conditions de cette harmonisation soient réunies avant de bouger, cela risque de durer un certain temps. Pour l'heure, les instances de régulation des échanges internationaux (Banque mondiale, FMI, OMC, OCDE, etc.) n'ont absolument pas intégré l'inéluctable diminution de la consommation d'énergie fossile dans leurs plans (vive la croissance, la mondialisation et tout le reste, et la réalité, on s'en occupera plus tard si nous avons le temps !). A l'origine de cette absence, nous allons trouver la même ignorance que pour bien des décideurs nationaux : il y a fort à parier que le directeur général de l'OMC, nombre d'économistes de l'OCDE (ou de la Commission de Bruxelles), et les personnes orientant les politiques des organismes cités ne connaissent pas grand-chose aux réserves de pétrole ou au changement climatique. Comme ils continuent à utiliser l'*indi-*

cateur du monde infini, à savoir le PIB, il n'y a aucune raison que l'élévation et l'harmonisation des fiscalités sur l'énergie fassent partie de leurs priorités. L'Union européenne n'arrive pas à harmoniser la fiscalité de ses pays membres, chaque gouvernement voulant tirer la couverture à soi, et une revue de détail de la Constitution européenne montre clairement que la finitude du monde n'est pas un déterminant majeur de l'Europe du futur. Si nous regardons de l'autre côté de l'Atlantique, la politique américaine est de plus en plus nationaliste et unilatérale, à l'image de la majorité actuelle de ce pays. Le vœu de coordination internationale sur un tel sujet n'est donc pour le moment qu'un doux rêve.

Donnez-nous nos impôts quotidiens

A l'échelon d'une nation, les choses sont plus accessibles, car nous n'avons besoin de l'avis de personne d'autre que de nous-mêmes. Et ce serait médire de la nature humaine que de penser que si nous mettons en place un mécanisme de cette nature, tous les autres pays resteront les bras croisés et continueront à se précipiter vers l'abîme sans que personne finisse par nous imiter. Le mimétisme n'est pas à sens unique ! Du reste, sur d'autres sujets, nous avons vu la France à l'initiative sans attendre l'accord des autres nations. C'est donc en commençant par la France que nous proposons d'augmenter mondialement la taxe sur les énergies fossiles. Et paradoxalement, moins les autres se restreignent, et plus les chocs futurs sur les prix sont certains, et plus nous avons intérêt à mettre en place cette fiscalité, pour qu'elle serve d'amortisseur.

Si notre proposition miracle a des avantages, elle soulève aussi quelques objections, dont certaines ont déjà été esquissées plus haut :

1. On paie déjà trop d'impôts comme ça, et on ne va pas encore donner de l'argent à ces fonctionnaires perpétuellement en grève.
2. Vous n'allez pas faire ça aux ménages modestes, c'est injuste et antisocial.
3. Vous n'allez pas faire ça aux pêcheurs, aux routiers, aux agriculteurs, qui sont déjà bien à la peine.
4. Vous allez tuer les entreprises françaises.
5. Les multinationales et les groupes de pression vont s'y opposer.
6. Pourquoi toujours payer ? Il n'y a qu'à subventionner les énergies renouvelables,
7. Mieux vaut des quotas pour les industriels que des taxes pour moi.

Le premier argument de cette liste, très souvent employé, n'est bien sûr pas spécifique à la question énergétique, mais il ne peut pas rester sans réponse. Pourquoi l'impôt a-t-il parfois si mauvaise presse ? Probablement parce que si tout le monde peut (et doit) calculer au centime près ce qu'il paie sous forme d'impôts et de taxes, personne ne sait compter au centime près ce que l'État lui redistribue – ou lui a redistribué – sous forme d'instituteurs, de colonels de cavalerie et de voies de chemin de fer. Cela nous donne l'illusion d'avoir payé sans rien recevoir, ce qui est bien sûr inexact. Ce sentiment confiscatoire nourrit une deuxième illusion, abondamment entretenue par la presse quand elle compare le niveau de prélèvements obligatoires dans notre pays et dans d'autres pays européens : nous pourrions avoir la même chose en payant moins. En fait, ce que la presse ne dit que très rarement en pareil cas, c'est que nos voisins qui paient moins... ont moins, et doivent payer séparément ce que l'État ne leur fournit pas. Si nous payons moins d'impôts et de charges, accepterons-nous, en contrepartie, d'avoir moins de médecins, de policiers et de routes à quatre voies ?

Évidemment, tous ceux qui ne sont pas fonctionnaires – et même nombre d'entre eux, en parlant du ministère voisin ! – vont rétorquer que l'État « n'a qu'à » être plus efficace, car chacun sait que les récipiendaires de nos impôts passent leur temps à se tourner les pouces. De fait, si nous trouvons sans peine des manifestations de paresse ou de gaspillage dans l'appareil public, il en existe également dans les sociétés privées : toute organisation comporte des lourdeurs et des sources « d'inefficacité ». La sphère privée – ou associative, qui tient une si grande place dans notre cœur – n'y fait en rien exception. Au surplus, la notion même d'efficacité est parfois discutable : qu'est-ce que l'efficacité de l'armée (3e poste budgétaire de l'État) ? Le nombre d'ennemis tués par soldat ? Comment augmente-t-on l'efficacité des enseignants (1er poste budgétaire de l'État) ? En augmentant le nombre d'élèves par classe ? Qu'en pensent les contribuables par ailleurs parents d'élèves ?

Plutôt que de rester sur un exercice de style, regardons donc comment se comparent le prix de deux services dominants dans les dépenses publiques, l'éducation et la santé, entre la France – où l'essentiel de l'argent est géré par le secteur public – et les États-Unis.

Le coût de l'éducation dans le primaire, par exemple, est supérieur de 50 % aux États-Unis, si l'on ajoute aux impôts payés par les ménages les factures qu'ils reçoivent directement des établissements scolaires. Le surcoût est encore de l'ordre de 10 % dans le secondaire, et à l'université on passe du simple au double (un étudiant coûte donc deux fois plus cher à la collectivité aux États-Unis). Le système américain plus « libéral » n'implique donc en rien des coûts plus faibles, et un « consommateur avisé » regardant les chiffres dans ce cas précis en conclura qu'il a tout intérêt à confier le financement de l'enseignement à l'État – en payant des impôts – plutôt que de payer plus pour le même service si le système est partiellement privé.

La santé, aux États-Unis, coûte aussi deux fois plus qu'en France alors qu'une large partie de l'argent va à des acteurs « privés ». Pourtant, l'espérance de vie à la naissance est inférieure de 4 ans aux États-Unis. Là aussi, si le but du jeu est de faire vivre les habitants jusqu'à un certain âge, la France parvient à un résultat supérieur en dépensant deux fois moins, bien que l'essentiel de l'argent soit public. Nous pourrions passer d'autres secteurs en revue (les retraites, ou l'énergie, justement), pour montrer qu'il ne suffit pas de regarder ce que nous payons comme impôts pour en tirer des conclusions pertinentes : il faut surtout regarder ce que nous aurions payé, à service équivalent, si une partie des prestations assurées par des organismes publics le devenait par des entreprises privées. Dans les pays où il y a moins d'impôts, l'État fournit moins de services, et pour un service équivalent les ménages dépensent généralement plus.

Au surplus, notre rapport à la puissance publique est pour le moins contradictoire. Lundi l'État nous asphyxie d'impôts, et puis mardi arrive une épidémie, et les médecins – fonctionnaires – sont formidables, mercredi une inondation, et les pompiers sont formidables, jeudi des émeutes, et les policiers sont formidables... Gardons-nous de jeter le bébé avec l'eau du bain, en voulant moins d'impôts parce que le parti politique du moment nous semble en dépenser une partie n'importe comment.

Admettons. Plus d'impôts, ce n'est pas nécessairement moins de qualité de vie, nous sommes d'accord. Mais il faut augmenter l'ISF, et non par une taxe accrue sur l'énergie fossile, qui va pénaliser les gens à faibles revenus qui ont besoin de leur voiture ! Hélas, dire cela revient à considérer que le prix de l'énergie restera bas si on ne le taxe pas, or nous avons vu que rien ne saurait être plus faux. Pouvons-nous compter sur le fait que les « modestes » seront mieux traités si la consommation décroît de manière forcée plus tard, au lieu de décroître de manière douce dès à présent ?

Si le changement climatique prend de l'ampleur, ne seront-ils pas plus vulnérables que les riches qui auront les moyens de s'adapter, ou d'aller voir ailleurs ? Comment faire si la physique s'oppose à ce qu'un milliard d'Occidentaux, quasiment tous « modestes », consomment éternellement de l'énergie au niveau actuel ? N'est-il pas préférable de s'adapter progressivement à la marche à pied et à une moindre consommation matérielle, certes en râlant un peu, plutôt que de risquer de se retrouver sans voiture de toute façon, dans un environnement climatique et social qui se dégradera ? Revenons donc au tabac : l'argument selon lequel il ne fallait pas augmenter les prix parce que cela serait une ponction douloureuse pour les gens modestes a été souvent entendu. Mais le but du jeu était *aussi* de protéger les gens modestes de la tabagie, sinon à quoi cela aurait-il servi ? Incidemment, comme pour le pétrole, ce sont précisément les personnes sans gros revenus qui souffrent le plus des conséquences du tabac, parce qu'elles ont un moindre accès aux soins haut de gamme…

La compétitivité démasquée

Examinons maintenant une autre objection faite à la taxe : elle va nuire à la compétitivité des entreprises. Or « la Compétitivité » est la déesse des temps modernes. Rien n'est faisable qui Lui soit désagréable. On peut à peine se demander s'il faut lui sacrifier une partie de l'espèce humaine ! Il est amusant de voir que l'histoire se répète : lorsque la suppression de l'esclavage fut envisagée, ses partisans disaient aussi que cela allait nuire à la compétitivité, ce que Montesquieu railla abondamment. Il est en effet évident que l'esclavage, tout comme le travail des détenus, celui des enfants en bas âge, des conditions de travail et de sécurité indécentes et la dictature, sont des facteurs de bonne santé de l'économie. Comment s'en passer ? Bien évidemment, il s'agit, comme pour l'argument précédent, de comparer des scénarios alternatifs, et non de raisonner dans l'absolu. Qui peut raisonnablement croire que la compétitivité va se porter comme un charme si survient un choc pétrolier massif, ou si les conditions climatiques que nous avons toujours connues changent massivement, ou si, comme c'est hélas le plus probable en cas de « laisser-faire », nous avons l'un *et* l'autre ? En outre, que l'énergie progressivement plus chère handicape nécessairement l'activité économique est encore une idée reçue. Ce qui fait mal n'est pas un prix élevé de l'énergie, s'il en a toujours été ainsi ou que cela arrive progressivement, mais le choc brutal. Notre industrie automobile se porte-t-elle mal parce que l'essence est « chère » depuis longtemps ? Non : elle a réagi en faisant des voitures plus petites. Ce qui est sûr, en revanche, c'est qu'une hausse brutale du prix de l'énergie, inéluctable si nous refusons la limitation volontaire par la fiscalité, aura un effet fortement négatif, voire dévastateur, y compris pour les secteurs qui sont aujourd'hui opposés à une hausse de la fiscalité sur l'énergie.

Dans un pays à énergie progressivement plus chère, certains industriels pourraient être tentés de délocaliser quand même, malgré ce qui précède. La menace est en fait plus restreinte qu'il n'y paraît : l'essentiel des entreprises ne va pas déménager en Chine ou au Maroc demain matin. Au surplus, pour les entreprises servant le marché français, ou européen, il existe un truc connu depuis longtemps : les droits de douane. Pour protéger les industriels qui paieront leur énergie de plus en plus cher en France, il suffit d'imposer des droits de douane aux importations en provenance des pays tiers qui taxent peu leur énergie. Il restera à traiter le cas des industriels exportant massivement, et très intensifs en énergie, et là nous irons piocher dans la cagnotte constituée avec la taxe augmentée pour tout le monde si nous voulons les aider le temps qu'ils s'adaptent. Évidemment, tout cela est à l'opposé de ce que préconise le credo libéral, qui serait plutôt « droits de douane is bad for you », mais un examen approfondi des faits montrerait là aussi que cela relève de l'idéologie et non du pragmatisme. Il est clair pour nous que le ou les pays qui seront les premiers à anticiper vraiment la hausse inéluctable des combustibles fossiles donneront *in fine* à leurs entreprises un avantage concurrentiel important, en les préparant plus tôt que les autres à ce que sera l'avenir.

Mais supposons que Big Business, pas du tout au courant de la situation future malgré l'existence d'excellents livres sur la question, ou intimement persuadé que les ennuis seront uniquement pour les autres, reste opposé à cette idée d'une hausse du prix des combustibles fossiles, comme il l'a si souvent été dans le passé. Un exemple parmi d'autres : au début des années 1990, le Conseil des ministres européen avait tenté d'instaurer une modeste taxe de 3 dollars le baril, croissant à 10 dollars à l'horizon 2000. Il a dû la ranger dans ses cartons sous la pression des industriels (les cimentiers notamment), qui n'ont ensuite cessé de proposer qu'on leur laisse l'initiative d'engagements volontaires, et se sont lancés dans une grande campagne en faveur du développement durable. Il est donc possible – et probable – que des dirigeants de groupes d'intérêt trouvent notre proposition déplaisante, en oubliant temporairement qu'ils ont des enfants en plus de leurs stock-options. Les producteurs de cigarettes ont ainsi fait campagne pendant des années contre les études scientifiques les plus sérieuses montrant les effets nocifs du tabac, avec un certain succès, il faut bien le reconnaître. De même, les producteurs d'alcool, d'armes, de voitures, ont toujours eu tendance à minimiser les inconvénients sanitaires ou sociétaux de ce qu'ils vendent.

Dans le domaine de l'énergie, le maître mot de ceux qui refusent la contrainte est l'« engagement volontaire ». En gros, c'est « laissez-nous faire, et nous ferons plus efficacement qu'avec une contrainte imposée d'en haut ». Mais comment des industriels pourraient-ils décider par eux-mêmes d'une contrainte significative dans un monde de plus en plus concurrentiel ? Puisque nous avons vu qu'un changement des règles du jeu fera nécessairement des perdants (mais beaucoup moins que la régulation involontaire, rappelons-le !), comment pourrait-on confier aux entreprises le soin de perdre toutes seules pour partie d'entre elles ? Seule la puissance publique peut fixer de telles règles du jeu, conformément au bon sens et aux enseignements les plus solides des économistes.

Et la puissance publique, c'est avant tout les électeurs, même s'il est toujours plus facile à un gros employeur de forcer la porte du bureau d'un élu (je représente des emplois, moi !) qu'à quelqu'un qui ne représente que les lois de la physique (qui pourtant auront toujours le dernier mot). Certes, une partie des électeurs travaille dans les secteurs « menacés » et aura tendance à être contre une hausse de la fiscalité sur l'énergie. Mais cela laisse tous les autres ! Et il serait quand même extraordinaire que l'on tolère la mise sur le carreau de milliers de salariés dans le cadre de fusions réclamées par l'actionnaire, que l'on ait toléré la disparition de centaines de milliers d'emplois dans le petit commerce pour faire une place à la grande distribution, que la suppression de millions d'exploitations agricoles soit passée comme une lettre à la poste, et que l'on refuse le moindre emploi supprimé pour simplement conserver une planète agréable, la démocratie et une espérance de vie acceptable... Fallait-il conserver les camps de concentration pour ne pas mettre au chômage tous ceux qui vivaient de la déportation ?

Il arrive de plus en plus souvent, en fait, que les entreprises comprennent qu'il est dans leur intérêt d'anticiper le caractère inexorable de la contrainte. L'effondrement des ventes de 4 × 4 mentionné plus haut n'est pas une bonne nouvelle pour les constructeurs automobiles concernés. Leurs dirigeants n'auraient-ils pas été mieux avisés de s'orienter vers d'autres produits et services ? N'auraient-ils pas été eux-mêmes mieux orientés dans leurs décisions si les prix au consommateur du pétrole avaient anticipé ce qui se passe aujourd'hui ? En fait, bien des gros industriels ne sont pas opposés à une hausse progressive des prix de l'énergie, que le patron de BP a même publiquement réclamée en 2005. Ce contre quoi ils sont, c'est une hausse par trop hétérogène d'un pays à l'autre, ou l'absence de mécanisme compensateur. Mieux : beaucoup seraient pour la taxe, si justement elle est l'occasion de mieux répartir l'effort entre industriels et particuliers, ces derniers étant autant pollueurs que l'industrie en matière de climat. La question est donc bien plus souvent « comment taxer de manière homogène », plutôt que « comment ne pas taxer du tout ». Le contexte a beaucoup changé depuis 1990 !

Qu'en est-il des pêcheurs, agriculteurs, routiers, et autres professions déjà fragiles qui n'apprécieraient pas une hausse des carburants ? Il est parfaitement légitime, quand on passe sa journée sur un tracteur sous la pluie, ou sur un bateau l'hiver, pour un salaire en général inférieur à celui d'un employé confortablement installé dans un bureau chauffé, de considérer que le gouvernement « doit faire » quelque chose quand les prix montent pour aider ces professions, qui consomment beaucoup de carburants par rapport à leur volume d'activité. Certes. Mais sachant que ces professions devront s'adapter de toute façon à une énergie plus chère, ne devrait-on pas les aider autrement qu'en leur détaxant les carburants, ce qui revient clairement à privilégier l'anesthésie par rapport au traitement ? Plutôt que de baisser artificiellement le prix du pétrole qu'ils consomment, ne vaudrait-il pas mieux obliger les clients de ces professions à accepter les hausses de prix qui en résultent ? Pourquoi ne pas indexer les prix des produits agricoles, de la pêche ou du transport routier sur les prix des carburants, comme les loyers sont indexés sur le prix de la construction ? Les professions fortement dépendantes des carburants pourraient ainsi répercuter les hausses brutales de manière homogène, sans distorsion de concurrence, et c'est le marché qui régulerait la consommation, ce qui toucherait bien sûr l'activité, mais de manière bien plus progressive, lui laissant le temps de s'adapter.

Il est clair que cette évolution obligera à rompre avec le discours démagogique sur la baisse des prix et la hausse de la consommation qui nous seraient dues pour l'éternité, mais rappelons que la physique s'y oppose !

Vive la taxe !

Mais la physique s'opposerait-elle à ce que nous subventionnions les renouvelables, plutôt que de taxer l'essence et le gasoil ? Ainsi, le basculement pourrait se faire de manière indolore pour le consommateur, ce qui serait quand même plus social. Il est parfaitement exact que, pour diminuer le différenciel de prix de marché entre des combustibles fossiles et les énergies renouvelables, on peut soit taxer les énergies fossiles, pour décourager leur consommation, soit subventionner les énergies renouvelables, pour encourager la substitution. Oui, mais :

– La subvention vide les caisses de l'État, qui sont déjà très vides, alors que la taxe les remplit.

– Sans changement de prix pour les combustibles fossiles, les subventions aux renouvelables ne garantissent pas du tout une absence de report de la consommation vers d'autres postes (si on subventionne l'eau chaude solaire et que le plombier utilise ses recettes supplémentaires pour prendre l'avion qui ne vaut pas plus cher, ce n'est pas tout bénéfice dans notre affaire !),

– La taxe ne nécessite d'examiner en détail que les demandes d'exemption, alors que les subventions nécessitent de regarder en détail les dossiers de manière systématique avant paiement, ce qui nécessite beaucoup plus de moyens pour des sommes en circulation équivalentes.

Il nous reste à expliquer en quoi la taxe est préférable à un outil économique auquel le protocole de Kyoto a redonné une nouvelle jeunesse : le permis négociable. Dans un système de permis, chaque acteur concerné se voit attribuer un droit à émettre des gaz à effet de serre fixé *a priori*, de telle sorte que le total des droits accordés fixe le niveau maximal de la pollution. Chaque acteur peut ensuite vendre à d'autres les droits qu'il n'utilise pas (s'il émet moins que le plafond qui lui a été autorisé), ou acheter auprès d'autres des droits inutilisés s'il a du mal à satisfaire à ses obligations. Ces achats-ventes ne changent rien au total des droits : ils se contentent de les répartir d'une manière différente de l'allocation initiale. En théorie, ce mécanisme permet que les efforts les plus intenses soient faits là où ils sont les moins coûteux, et la théorie – toujours – montre que cet instrument a le même mérite que la taxe : il donne un prix aux « dégâts collatéraux » évoqués plus haut. Son avantage sur la taxe, c'est que le niveau maximal de pollution est connu d'avance : l'ensemble des acteurs ne peut pas émettre plus de tant, et s'ils le font ils sont pour le coup fortement taxés, à travers des amendes. Par contre le prix du permis sur le marché est inconnu à l'avance. La taxe, au contraire, fixe un prix connu d'avance à la tonne de CO_2, mais la diminution qui sera obtenue est inconnue à l'avance.

En pratique, hélas, il n'est pas sûr que nous tenions là l'arme fatale. Dans le cadre du protocole de Kyoto, les permis alloués ne concernent que de gros acteurs (industrie lourde, centrales électriques à charbon, à fioul lourd ou à gaz), qui, pour être gros ou très gros, ne représentent qu'un petit tiers des émissions (tous gaz pris en compte) en France et en Europe. Les particuliers (chauffage et voitures), les transports de marchandises, les activités tertiaires (tout ce qui occupe un local chauffé : bureaux, hôpitaux, écoles, commerces...), la petite industrie et l'agriculture, responsables ensemble des deux autres tiers des émissions européennes, ne sont pas concernés pour le moment. Or, les émissions des transports sont celles qui croissent le plus vite : en 2010, sauf à ce que le choc pétrolier ait déjà frappé massivement, elles seront supérieures de 33 % à 50 % à celles de 1990. Ensuite, si nous nous référons à l'expérience européenne, les quotas ont été alloués aux industriels concernés d'une manière si généreuse qu'il n'en ressort aucune réduction globale. Il y aura certes des réductions par unité de production, ce que d'aucuns transforment un peu vite en « économies » par rapport à un scénario tendanciel, mais aucune réduction globale. Or ce que le système climatique voit, ce sont uniquement nos émissions globales : il se fiche bien de savoir si les émissions par unité de production ont baissé !

On pourrait certes imaginer que les allocations soient moins tendres par la suite, mais le coup est mal parti et il sera difficile à corriger, car le système lui-même incite à la clémence. Avec une taxe, la personne qui signe le décret ou vote la loi n'a pas à désigner nominativement qui n'y survivra pas, ce qui éloigne les « victimes » des « bourreaux ». Par contre, avec des quotas alloués nominativement pour des périodes courtes (trois ans), décider d'un niveau de contrainte qui pourrait « tuer » un acteur est bien plus difficile. Aucun politique, donc aucun fonctionnaire ne condamnera froidement une entreprise « à mort » en ne lui donnant pas les permis nécessaires ! Sous sa forme actuelle, ce mécanisme incitera donc au laxisme. Il peut limiter la hausse (c'est aujourd'hui ce qu'il fait), mais absolument pas conduire à une division par quatre des émissions industrielles. Cela, seule la taxe le peut. Au surplus, la taxe permet de dégager des ressources pour l'État, alors que les quotas ne rapportent quasiment pas le moindre kopeck à la nation. Il y a bien le produit des amendes, ou la vente aux enchères des permis, mais tout cela ne fera pas grand-chose, notamment parce que la négociation avec des acteurs bien individualisés interdira toujours de mettre en place des mécanismes financiers très contraignants. Ce mécanisme a enfin un autre défaut majeur : il ne touche pas le public. C'est d'ailleurs pour cela que les politiques l'apprécient autant : le PDG d'une grosse société industrielle, qui émet des centaines de milliers de tonnes de CO_2, dispose d'un seul bulletin de vote, comme le Français « ordinaire » qui émet une dizaine de tonnes. Alors, tant qu'à perdre un bulletin de vote, autant mettre en place un système de permis qui ne concerne que les industriels, plutôt que d'augmenter les taxes, ce qui concerne tout le monde.

Le gouvernement anglais a néanmoins annoncé l'étude d'une allocation individuelle de ces fameux quotas, par le biais d'une carte de crédit. On peut lui souhaiter bien du courage s'il va de l'avant ! Un tel système est très long et très coûteux à mettre en place, suppose une gigantesque comptabilité informatique des unités carbone échangées, une remontée centralisée d'informations sur des consommations individuelles qui « ne regardent personne », un attirail de vérifications en regard duquel le fisc est une aimable plaisanterie, une place de marché traitant des volumes inconnus à ce jour, et nous en oublions sûrement. Un tel système, par ailleurs, ne crée aucune incitation directe sur les producteurs intermédiaires, même si on peut imaginer que les consommateurs voteront avec leurs pieds. Enfin il n'est pas moins « injuste » que la taxe carbone : les plus riches pourront évidemment acheter des crédits carbone pour consommer comme ils le souhaitent ; il suffira qu'ils y mettent le prix.

Finalement, pourquoi faudrait-il recourir à un mécanisme long, compliqué à mettre en œuvre et peu efficace, alors qu'avec la fiscalité nous disposons en France, et partout ailleurs dans le monde, d'un instrument en état de marche, avec une administration déjà formée pour le gérer, et pour lequel il suffit de modifier l'assiette (en l'étendant au gaz et au charbon) et d'augmenter progressivement le taux ? Le « changement de mode de vie » que tant de défenseurs de l'environnement prônent porte donc un nom : un prix de l'énergie toujours croissant. C'est si simple, il suffit juste de le vouloir !

Amis lecteurs, si vous nous avez suivis jusque-là, la planète est en bonne voie d'être sauvée. Votez – comme nous le ferons – pour le premier candidat qui proposera d'augmenter progressivement et indéfiniment la fiscalité sur les énergies fossiles !

Conclusion

Ce livre est finalement le reflet d'un parcours initiatique. Ce parcours, il fut le nôtre, mais il a aussi été celui de dizaines d'ingénieurs, certains parvenus à des postes prestigieux, que nous avons croisés sur notre route depuis que nous sommes tombés dans la marmite énergético-climatique.

La première étape de ce parcours consiste à… tomber de sa chaise. Découvrir les dessous du changement climatique et ceux de la raréfaction à venir des combustibles fossiles ne laisse jamais indifférent. Les mêmes lois de la physique et des mathématiques qui ont permis Airbus, l'imagerie médicale, les ordinateurs, les voitures et les congélateurs, voici qu'elles nous indiquent *aussi* que nous sommes en passe d'atteindre les limites de l'expansion perpétuelle, et que nous ne pourrons pas continuer à jouer très longtemps au jeu auquel nous avons joué depuis des milliers d'années. Quelle gifle !

Vient ensuite le doute, naturellement, renforcé par les questions ou les affirmations de ceux qui ne partagent pas – encore ? – nos craintes. « On » a beau être sûr de ses sources, avoir toutes les raisons du monde de faire confiance aux exponentielles, aux intégrales, et à ceux qui les manipulent, les implications sont si énormes qu'on se demande quand même si tout cela tient debout. Et si le problème est si grave, menaçant peut-être la démocratie ou la paix à moins d'une génération, comment expliquer que les médias en parlent si peu ? Cette phase de doute, nous l'avons aussi connue, bien sûr. Nous avons exploré, nous aussi, toutes les possibilités que l'on se fasse peur pour rien. Et puis nous avons découvert que, dans les milieux techniques et scientifiques, ces problèmes sont posés depuis des décennies, voire des siècles, et que l'absence de diffusion en dehors de ces cercles n'a rien à voir avec le fond de l'affaire. Nous avons essayé d'ouvrir une première porte pour sortir de la pièce étouffante du problème énergético-climatique, une porte sur laquelle est écrit : « on se fait peur pour rien ». Le résultat est un échec : la porte est murée.

Alors nous avons, pleins d'espoir, ouvert une deuxième porte, celle des « responsables politiques ». Si le problème est vraiment grave, « ils » vont nécessairement s'en occuper ! Au besoin, nous remplacerons les incapables au pouvoir par les forces montantes de l'opposition, qui, elles, vont enfin passer à l'action, et l'affaire sera vite réglée. Hélas, cette porte-là aussi est murée. Quelqu'un y a même écrit « prière de relire M. de Tocqueville ». En démocratie, les élus ne font que refléter leurs électeurs. Si ces derniers ne veulent pas moins de voiture pour eux-mêmes, ils n'auront pas moins de voitures au total, c'est la règle du jeu.

Il y a une troisième porte dans cette pièce, marquée « ingénieurs ». Courons-y ! Voir le salut dans les centrales nucléaires, les énergies renouvelables, les panneaux isolants, les pistes cyclables, les voitures économes et les camions sur les trains n'est pas seulement un réflexe d'ingénieur ; il s'agit d'un comportement classique après un exposé sur les problèmes. C'est finalement très logique, et dans le droit-fil des réussites techniques extraordinaires que notre espèce a connues depuis ses origines. Nous pensons alors que les obstacles à venir ne sont pas très différents de ceux qui ont été franchis dans le passé. Malheureusement, cette croyance est illusoire, ou plus exactement incomplète. La porte marquée « ingénieurs » n'est pas murée. Elle donne simplement sur une autre porte marquée « économie », et plus exactement « taxes, quotas et régulations ». Sans augmentation du prix des énergies fossiles plus rapide que le pouvoir d'achat, les ingénieurs contribuent malheureusement plus à aggraver le problème qu'à le résoudre. A prix de l'énergie constant ou décroissant, tout ce que nous économiserons ici sera plus que compensé par le supplément que nous consommerons là. L'observation du passé est malheureusement sans appel. C'est seulement au prix d'une augmentation du coût de l'énergie que les ingénieurs contribueront activement à la solution globale.

Cette porte « taxes », voulons-nous l'ouvrir ? Nous, auteurs de ce livre, le souhaitons clairement. Dans un premier temps, l'air sera peut-être un peu frais, la nouvelle pièce un peu sombre, l'odeur peu agréable, et quelques-uns se sentiront mal. Mais, avec le temps, il deviendra clair que nous aurons fait – collectivement – le bon choix. Et gardons-nous de tergiverser trop longtemps : en pareil cas la porte marquée « taxes » sera remplacée par un autre mur où sera inscrit : « perdu ! ».

Bibliographie

Livres

Faucheux Sylvie et Haitam Jumni, *Économie et Politique des changements climatiques*, La Découverte, 2005

Gadrey Jean et Jany-Catrice Florence, *Les Nouveaux Indicateurs de richesse*, La Découverte, coll. « Repères », 2005

Jancovici Jean-Marc, *L'avenir climatique, quel temps ferons-nous ?*, Seuil, coll. « Science ouverte », 2002

Kunstler James Howard, *La Fin du pétrole aux États-Unis*, Plon, 2005

Le Treut Hervé et Janvovici Jean-Marc, *L'Effet de serre*, Flammarion, 2002

Viveret Patrick, *Reconsidérer la richesse*, Éditions de l'Aube, 2004

Rapports

Rapport de Roger Guesnerie, *Kyoto et l'Économie de l'effet de serre*, CAE, La Documentation française, 2003

Joël Maurice, *Prix du pétrole*, rapport du CAE, La Documentation française, 2001

Table

RÉALISATION : PAO ÉDITIONS DU SEUIL
IMPRESSION : NORMANDIE-ROTO IMPRESSION S.A.S. À LONRAI
DÉPÔT LÉGAL : FÉVRIER 2006. N° 85792-3 (061150)
IMPRIMÉ EN FRANCE